KB182991

동화마을 같은 독일 소도시 여행

2025년 2월 20일 초판 1쇄 펴냄

지은이 유상현
발행인 김산환
책임편집 윤소영
디자인 윤지영
펴낸곳 꿈의지도
출력 태산아이
인쇄 다라니
종이 월드페이퍼

주소 경기도 파주시 경의로 1100, 604호
전화 070-7535-9416
팩스 031-947-1530
홈페이지 blog.naver.com/mountainfire
출판등록 2009년 10월 12일 제82호

ISBN 979-11-6762-109-2

독일어 표기원칙

• 독일어 발음은 기본적으로 외래어 표기법을 준수하였다. 단, 아래 발음의 경우 원 발음에 가깝게 하기 위해 표기를 달리하였다.

-ngen : -ㅇ겐→-ㅇ엔 (예: Göttingen=괴팅엔)

• 고유명사에서 두 단어가 합성되어 연결어미가 변형된 경우 원래의 의미를 직관적으로 이해할 수 있도록 표기하였다. 단, 국내에서 널리 통용되는 표기와 차이가 나는 부분도 존재한다. (예: Marienplatz는 국내에서 '마리엔 광장'으로 적는 것이 일반적이지만 Maria와 Platz의 합성어이므로 연결어미가 변형되기 전 원래 단어의 의미를 고려해 '마리아 광장'이라고 적었다.)

동
화
마
을
닮
은

독일
소도시
여행

유상현 지음

거닐고 싶고, 산책하고 싶은
동화마을의 '원조' 독일 소도시 이야기

꿈의지도

바야흐로 소도시 여행 세상이다. '몇 개국 몇 개 도시' 패키지여행보다 자유여행을 즐기는 여행자가 많아지면서 '새로운 곳'에 도전하는 거부감이 옅어진 이유일 수 있고, 해외여행 빈도가 늘어나며 '안 가본 곳'을 찾는 여행자가 늘어난 이유일 수도 있다. 아무튼, 아시아와 유럽 등 대륙을 가리지 않고 소도시 여행 테마가 크게 주목받는 건 주지의 사실이다.

소도시 여행이라면 독일을 빼놓고 이야기할 수 없다. 내가 생각하기에 전 세계에서 독일을 능가하는 소도시 여행의 천국은 없다. 그동안 독일의 도시 100곳 이상을 여행했고, 그중 소도시가 절대 다수인 나의 경험과 지식은 그것이 매우 합리적인 결론이라고 역설한다. 그러면 왜 독일 소도시 여행이 특별할까?

첫째, 독일의 복잡한 역사적 배경에 이유가 있다. 독일이라는 단일 국가는 1871년 출범한 독일제국이 첫 시작이다. 그전까지 독일과 오스트리아를 중심으로 신성로마제국이 장기간 존속했다. 흔히 신성로마제국이 독일과 오스트리아의 전신이라고 이야기하지만, 엄밀히 말하면 그렇지 않다. 신성로마제국은 수많은 개별 국가의 연합체였으며, 17세기 이후에는 그 분열이 더 심해져 도시국가 수준의 작은 나라가 수백 곳에 달하는 지경이었디. 1800년대 초 나폴레옹 침공으로 신성로마제국이 와해하기 전까지 족히 800여 년간 독일 땅은 최대 수백 개의 나라로 나뉘어 있었다.

물론 이것을 오늘날과 같은 국가의 개념으로 보기에는 무리가 있다. 중요한 것은 이 많은 나라마다 권력을 가진 군주가 있고, 그 본거지인 수도가 있었다는 점이다. 작은 나라라 해도 수도에는 권력자의 궁전이 있고, 부유한 귀족이나 상인의 저택이 있고, 종교 국가 성격이 강한 신성로마제국 특성상 교회 또는 성당이 있었으며, 이들이 모여 형성된 광장과 거리 등 시가지가 펼쳐졌다. 복잡한 국경선은 필연적으로 군사적 충돌을 야기하므로 방어 목적의 성이 필요했다. 독일은 산이 많은 나라다. 어지간한 산마다 성을 지었다. 군사적 위협이 사라진 뒤에도 이러한 전통이 남아 경관을 즐기는 목적의 성을 짓기도 했다. 이처럼 독일의 소도시는 대부분 한때 나라의 수도였거나, 그에 버금가는 역사와 문화의 산실이었다.

일반적으로 소도시 여행 하면 떠올리는 풍경은 '때 묻지 않은 시골'에 가깝다. 그런데 독일은 다르다. 독일의 소도시는 변두리의 시골이 아니다. 수백 년 전 한 국가의 수도이거나 전략적 요충지로 번영한 곳이 많다. 그러니까 편의상 '작은 도시(소도시)'라 부르기는 하지만, 보다 정확히 정의하자면 '작은 나라의 중심지였던 곳'이라 부르는 게 더 적확하다. 궁전과 교회, 고성이 어울려 품위 있는 모습을 연출하는데 도시 전체의 규모는 작은, 더

압축된 여행의 재미를 선사하는 풍경을 간직한 곳이 바로 독일의 소도시다.

이러한 독일 소도시의 특징은 중세나 근대에 중앙집권적 국가였던 곳에서는 찾아보기 어렵다. 유럽에서는 독일과 이탈리아가 '쌍벽'이라고 할 수 있다. 그런데 독일은 소도시까지 열차 교통망이 촘촘하게 연결되어 있다. 대도시에서 숙박이나 쇼핑 등의 여행 인프라를 충분히 활용하면서, 자동차 없이도 이른바 원데이투어로 소도시를 편리하게 여행하는 게 가능한 지구상 유일무이한 국가라고 감히 이야기할 수 있다.

둘째, 독일의 소도시는 동화 같은 풍경 정도가 아니라 동화 그 자체가 펼쳐진다. 흔히 소도시 여행의 수식어로 '동화 같다'라는 말을 많이 한다. 동화책이나 애니메이션 그림, 또는 테마파크에서 보았음직한 모습들이 가득하기 때문일 것이다. 우리의 선입견을 차지하는 그 동화의 이미지가 탄생한 곳이 바로 독일이다. 디즈니성의 모델이 된 노이슈반슈타인성이 대표적이다. 로텐부르크의 포토존 플뢴라인에 있는 작은 목조주택은 20세기 초 디즈니 애니메이션에서 피노키오 집의 모델이 되었다. 나무를 이용해 집을 지은 하프팀버 주택이 동화 같은 마을을 재현한 첼레도 빼놓을 수 없다. 음악대를 결성한 네 마리의 동물이 도둑을 퇴치하는 내용의 동화 <브레멘 음악대>의 배경이 된 브레멘도 있다. 이들 동화 마을 같은 여행지는 독일 소도시 여행의 즐거움을 배가시킨다.

셋째, 독일 소도시 여행이 좋은 이유는 전통의 복원이다. 이게 특히 중요하다고 생각하는데, 제2차 세계대전으로 전국이 잿더미로 변했던 독일은 도시를 재건하면서 현대식 시가지를 건설하는 대신 전쟁 전의 모습으로 되돌리고자 노력했다. 이왕 폐허가 된 것, 현대식 건물을 짓고 넓은 도로를 깔고 편리한 삶을 영위할 수도 있었을 것이다. 그런데 독일은 달랐다. 적어도 도심의 중심만큼은 전쟁 전 과거의 영화로운 시절 모습을 되살리려고 노력했다. 만약 성냥갑 같은 무미건조한 현대식 건물이 도심을 뒤덮었다면 제아무리 오랜 역사와 전통을 가진 도시라 해도 여행의 재미는 반감되었을 것이다. 하지만 기어이 전통적인 모습을 되살려 우리 앞에 펼친, 미련하리만큼 고집스러운 독일의 노력이 21세기 여행자에게 큰 즐거움을 준다.

이 책은 그동안 독일을 여행하면서 찾았던 100여 곳의 도시 중 35곳을 골라 이야기를 풀어냈다. 이 중에는 객관적으로 소도시라 분류하기 어려운 큰 도시도 있다. 하지만 여행자의 시선에서는 소도시와 큰 차이가 없어 굳이 까다롭게 구분하지 않기로 했다. 여기에 지역별 거점이 되어 여행 인프라를 누리며 함께 여행하기 적당한 5곳의 대도시도 소개했다.

이 책에 소개된 소도시 가운데는 이미 방송이나 매체에 소개되어 익히 알고 있는 곳도 있을 것이다. 일부는 이름조차 생소한 낯선 곳도 있을 것이다. 분명한 것은 35곳의 소도시 모두 저마다의 사연과 매력이 있고, 그 도시에 담긴 이야기를 알면 알수록 더 흥미로워진다는 것이다. 독일에 어떤 매력적인 여행지가 있는지, 그리고 그곳이 왜 매력적인지, 입체적으로 이해할 수 있는 단서의 한 토막씩이 담겨 있다. 이 책을 통해 독자들이 동화마을을 산책하는 것 같은 독일 여행의 참 매력을 느낄 수 있기를 바란다.

파주 헤이리에서 작가 유상현

※ 이 책은 2016년 출간했던 〈유피디의 독일의 발견〉을 토대로 새로운 내용을 추가하여 현시점에 맞게 재구성하였음을 밝힌다.

Contents

여는 글 004

독일 소도시 안내도 012

짧게 읽는 독일의 역사 013

PART
01

독 일 남 부

슬프도록 아름다운 성
퓌센 Füsen 018

잔혹동화가 만든 비현실적 동화마을
로텐부르크 Rothenburg ob der Tauber ... 026

아날로그의 천국
튀빙엔 Tüingen 034

알프스에 우뚝한 독일의 지붕
가르미슈파르텐키르헨 Garmisch-Partenkirchen ... 042

독재자 별장에서 맥주 한잔
베르히테스가덴 Berchtesgaden 050

독일 친환경의 성지
프라이부르크 Freiburg im Breisgau 056

역사적인 소시지를 찾아가는 길
레겐스부르크 Regensburg 064

반성을 하려면 이들처럼
다하우 Dachau 072

내 마음속 독일의 수도
뮌헨 Müchen 080

PART 02

독일 서부

낭만에 낭만을 더하면
하이델베르크 Heidelberg   092

와인에 취하고, 강바람에 취하고
뤼데스하임 Rüdesheim am Rhein   100

체크무늬 양복 입은 멋쟁이 신사 같은
만하임 Mannheim   108

헤라클레스가 지켜보고 있다!
카셀 Kassel   118

세상 어디에도 없는 언덕 위 동화마을
마르부르크 Marburg   126

여기에 로마가 있다!
트리어 Trier   134

세상의 모든 아이디어가 한자리에
에센 Essen   142

여전히 순수한 세기의 걸작
쾰른 Köln   148

옛것을 품은 새것
프랑크푸르트 Frankfurt am Main   156

PART
03

독일 동부

독일 건국에 이바지한 세 가지 모티브

아이제나흐 Eisenach   168

괴테를 만나러 가는 시간

바이마르 Weimar   176

시대별 건축양식이 투영된 도시의 나이테

크베들린부르크 Quedlinburg   184

종교개혁으로 세상을 바꾼 성지

비텐베르크 Lutherstadt Wittenberg   192

독일 최대 사치의 현장

마이센 Meißen   200

근심이 사라지는 대왕의 힐링캠프

포츠담 Potsdam   208

독일이 상처를 극복하는 방법

드레스덴 Dresden   214

세계에서 가장 이상한 수도

베를린 Berlin   224

PART
04

독일 북부

한자동맹의 여왕, 레전드가 되다!
뤼베크 Lüeck   236

수호성자를 지켜낸 역설의 미학
브레멘 Bremen   242

독일이 작정하고 멋을 부리면
슈베린 Schwerin   250

자동차의 도시에 가다!
볼프스부르크 Wolfsburg   257

나무로 지은 동화마을
첼레 Celle   264

'북방의 로마'라 불린 마을
고슬라르 Goslar   272

폐허 속에 꽃피운 장미의 힘
힐데스하임 Hildesheim   280

동화와 젊음의 시너지 분출하는 대학 도시
괴팅엔 Götingen   288

지금도 이정표가 되어주는 그 옛날의 첨탑
함부르크 Hamburg   296

독일 소도시 안내도

슐레스비히홀슈타인
뤼베크
메클렌부르크포어포메른
슈베린
브레멘
함부르크
니더작센
폴란드
첼레
하노버
볼프스부르크
베를린
힐데스하임
작센안할트
포츠담
고슬라르
브란덴부르크
괴팅엔
크베들린부르크
비텐베르크
노르트라인베스트팔렌
에센
할레
카셀
마이센
아이제나흐
작센
퀼른
바이마르
드레스덴
마르부르크
튀링엔
헤센
벨기에
프랑크푸르트
라인란트팔츠
룩셈부르크
트리어
뤼데스하임
자를란트
하이델베르크
로텐부르크
만하임
바이에른
레겐스부르크
프랑스
튀빙엔
울름
바덴뷔르템베르크
다하우
뮌헨
프라이부르크
퓌센
베르히테스가덴
가르미슈파르텐키르헨

지금 독일이 자리한 유럽 대륙 중앙에 BC 1세기 로마인이 진출하여 식민지를 세웠고,

4~6세기 게르만족의 대이동이 발생해 대륙 중앙에 정착한다.

768년 카를 대제(샤를마뉴 대제)가 즉위하면서 프랑크 왕국이 시작되었고,

대제의 사후 동프랑크·서프랑크·남프랑크 왕국으로 나뉘었는데, 이 중

동프랑크 왕국이 오늘날 독일의 모체가 되었다. 역사학자들은 919년 즉위한

동프랑크의 왕 하인리히 1세를 독일의 '첫 번째 왕'으로 꼽는다.

이후 독일의 역사는 현대사 이전까지 크게 세 개의 제국으로 구분한다.

제1제국 신성로마제국

하인리히 1세의 아들 오토 1세가 952년 교황청으로부터 대관식을 받아 신성
로마제국이 수립되었다. 신성로마제국은 로마제국의 후계자를 자처하였으나
실상은 껍데기뿐인 제국이었다. 황제는 얼굴마담에 불과했고 각 지방마다 귀
족 가문이나 종교 권력이 자치권을 가진 지방 국가로 나누어 있었다. 이들 각
국가는 느슨하게 연합하여 제국의 질서를 유지하였다.

신성로마제국 내 지방 국가의 영주 중에서도 가장 큰 힘을 가진 이들은 대공
(大公)이었다. 그리고 대공이 다스리는 국가를 공국이라 부른다. 작센 공국,
바이에른 공국, 프로이센 공국, 뷔르템베르크 공국, 헤센 공국 등이 여기에
해당된다. 이것은 오늘날까지 독일의 행정구역을 나누는 근거가 된다.

따라서 이 책에 공국이 등장하는 시기는 모두 신성로마제국 시대의 역사라고
이해하면 된다. 신성로마제국은 약 900년 동안 지속되다가 1806년 나폴레옹
의 침공이 원인이 되어 결국 해체되고 만다.

제2제국 독일 제국

나폴레옹이 물러난 뒤 독일은 일대 혼란기에 빠진다. 프로이센과 바이에른은
이 시기를 전후해 공국에서 왕국으로 격상되었다. 신성로마제국의 틀에서 벗
어난 각 국가는 패권을 잡기 위해 외교와 군사력으로 다툼을 벌인다. 이때부
터 오스트리아는 독자 노선을 택해 독일의 역사에서 분리되었다. 결국 이 혼
돈의 시기에 패권을 잡은 이들은 프로이센 왕국이다.

일찍이 산업을 육성하고 군사력을 크게 증강한 프로이센 왕실의 안목과 '철혈
정책'으로 유명한 총리 비스마르크의 외교적 수완까지 더해져 프로이센은 일
약 독일을 넘어 전 유럽을 호령하는 강국으로 부상하였다. 그리고 신성로마제
국으로부터 독립한 각 지방 국가 중 오스트리아를 제외한 나머지 국가를 흡수
하여 1871년 마침내 통일 제국을 선포하니, 이것이 독일 제국이다. 독일이 처
음 통일 국가를 이룬 순간이며, 첫 황제 카이저 빌헬름 1세는 오늘날까지 독
일 민족의 존경을 받는다.

그러나 강력해진 독일을 견제하고자 영국·프랑스·러시아가 동맹을 맺고, 각
국의 제국주의가 세계 곳곳에서 충돌하며 전쟁의 기운이 드리운다. 결국 독일

의 동맹인 오스트리아에서 촉발한 전쟁이 원인이 되어 1914년부터 1918년까지 제1차 세계대전이 발발했고 독일은 패전국이 되었다. 독일 제국은 붕괴되고 1919년 국민회의가 소집되어 평화적으로 민주 공화국이 들어섰으니 이것이 바이마르 공화국이다.

제3제국 나치 집권기

막대한 전쟁 배상금 때문에 바이마르 공화국의 경제는 매우 심각한 수준이었고 국민의 삶은 곤궁했다. 이때 나치당의 아돌프 히틀러가 극우 민족주의를 앞세워 인기를 얻어 바이마르 공화국의 총리가 된다. 그리고 대통령 힌덴부르크가 고령으로 사망하자 선거 없이 대통령직까지 계승하여 총통(총리 겸 대통령)이 되고 독재 정치를 시작한다.

히틀러가 총통으로 취임한 1934년부터 1945년까지 나치 치하의 독일을 제3제국으로 구분한다. 히틀러는 바이마르 공화국을 해체하고 오스트리아까지 합병해 독일을 재건했으며, 전 유럽을 정복한 대제국을 건설하고자 했다. 1939년 제2차 세계대전이 발발하였고, 독일은 프랑스를 함락하며 기세가 등등했지만 영국·미국·소련·프랑스 등 연합군의 총공세를 이겨내지 못하고 1945년 패망하고 만다.

현대사

이후 독일은 민주주의 진영인 미국·영국·프랑스가 통치하는 서쪽, 공산주의 진영인 소련이 통치하는 동쪽에서 각각 독자 정부를 수립해 서독과 동독으로 분단되었다. 점점 동서독 간의 경제 격차가 커지자 동독과 소련은 1961년 베를린에 장벽을 세워 주민의 이탈을 막았으니 이것이 분단의 상징인 베를린 장벽이다.

동서독은 미국과 소련이 대립하던 1960~70년대 냉전의 최전선으로 수차례 전쟁 위기도 맞았다. 다행히 큰 충돌은 없었고, 서독의 포용과 동독 주민의 민주화 운동, 그리고 소련의 개방정책에 힘입어 결국 1990년 통일을 이룬다. 이것이 오늘날 전 세계를 호령하는 강대국 독일의 본격적인 출발점이다.

PART
01

독일 남부

퓌센
Füssen

한 장의 사진으로 충분한 역대급 명소.

세계적으로 유명한 독일 최고의 여행지이지만,

지독히 찾아가기 어려운 외딴 산골에 있다.

그래도 찾아간다.

완전한 고립을 꿈꿨던 왕의 비극적인 꿈을 만나러.

슬프도록
아름다운 성

　독일 끝자락 남부 알프스의 어떤 산속, 일부러 찾아가기도 힘들 첩첩 산중에 한 고성이 자리 잡고 있다. '디즈니성' 또는 '백조의 성'이라고도 불리는 노이슈반슈타인성Schloss Neuschwanstein. 독일에서 가장 아름다운 성으로 꼽히는 이 고성을 보려고 많은 관광객이 구석진 산골 퓌센을 찾는다.

　노이슈반슈타인성을 만든 이는 바이에른 왕국의 루트비히 2세 Ludwig II다. 그는 백조를 무척 좋아해서 그가 어린 시절을 보낸 슈반가우 Schwangau('백조의 땅'이라는 뜻으로 이 지역에 백조가 많았다고 한다) 지역에 진한 향수를 가졌다. 그는 아예 슈반가우에 백조의 성을 짓기로 결심한다. 어린 시절을 보낸 호엔슈반가우성Schloss Hohenschwangau에서 올려다보이는 산등성에 백조를 본뜬 순백의 성을 지은 후 노이슈반슈타인성이라 이름을 붙였다.

국왕의 상상력으로 설계한 덕분에 전 세계 어디에도 유사한 건축양식을 찾을 수 없는 독창적이고 아름다운 궁전이 탄생했다. 노이슈반슈타인성은 특정 건축양식에 구애받지 않고 백조가 날개를 접고 웅크리고 있는 모양을 형상화했다. 이것은 물론 루트비히 2세의 아이디어였다.

그의 아이디어는 상상을 초월한다. 성의 정면 입구 부근 외벽만 유독 붉게 칠한 것은 백조의 머리가 붉은색이기 때문이다. 성의 높낮이는 백조의 날개와 몸통의 굴곡을 그대로 반영한다. 그러면서도 성으로서의 건축미 또한 놓치지 않아 절로 탄성을 자아낸다. 심지어 이렇게 복잡하고 정교한 궁전을 평지에 지은 것이 아니라 깎아지른 절벽 위에 만들었다. 루트비히 2세는 공사 기간 내내 호엔슈반가우성 발코니에서 망원경으로 공사 현장을 올려다보았다고 할 정도로 노이슈반슈타인성에 강한 애착을 보였다.

그러나 루트비히 2세는 이미 제정신이 아니었다. 풍요로운 뮌헨의 레지덴츠 궁전에서 국정을 돌봐야 할 그가 일부러 찾아가기도 힘든 산속에 궁전을 만든 것부터 이상하지 않은가? 어린 시절을 보낸 곳에서 휴가를 보내기 위함이라면 호엔슈반가우성을 놔두고 굳이 위태로운 절벽 위에 성을 새로 지을 이유는 없었다. 이 시기에 루트비히 2세는 대인기피증이 극에 달하여 사람이 없는 곳을 찾아 은둔할 목적으로 성을 지은 것이다. 그러면서도 자신이 어린 시절을 보낸 '백조의 땅'에 자신이 사랑하는 백조를 닮은 성을 지었으니 이쯤 되면 광기 어린 집착이라 해도 될 듯싶다.

1 마리아 다리에서 바라본 '백조의 성' 노이슈반슈타인성의 전경
2 정면에서 바라본 노이슈반슈타인성과 관광객들

노이슈반슈타인성 내부는 루트비히 2세의 극에 달한 정신 분열을 그대로 보여준다. 당시로서는 획기적인 아이디어로 완성된 성의 내부 장치들은 모두 루트비히 2세의 구상이었는데, 그 목적은 단 하나. 그가 성에 머물며 하인과 시종들을 직접 대면하지 않도록 하기 위한 것들이었다. 심지어 화장실도 침실에서 비밀 통로를 통해 들어갔고, 나중에 하인이 청소만 따로 하도록 했다.

뒤편에서 바라본 노이슈반슈타인성

화려함의 극치를 달리는 성의 내부에서 권력자의 힘이 느껴지지 않는 것도 이 때문이다. 노이슈반슈타인성은 힘을 과시하기 위한 궁전이 아니라 철저히 외부와 고립되어 숨기 위한 은신처였으니 당연하다.

하지만 그마저도 루트비히 2세는 뜻을 이루지 못했다. 그는 노이슈반슈타인성이 완공되기 전 의회로부터 파면되었고 유배지에서 의문사를 당해 세상을 떠나고 말았다. 루트비히 2세는 자신이 죽으면 성을 파괴하라고 미리 지시를 내렸다고 한다. 남들에게 보여주기 위한 공간이 아니라 자신만의 은신처이기에 자신이 죽은 뒤에는 누구에게도 보여주고 싶지 않았던 것이다. 하지만 성은 파괴되지 않았고, 오히려 연간 수백만 명이 찾아오는 독일 여행의 아이콘이 되었다. 만약 루트비히 2세가 저승에서 이것을 본다면 원통함에 땅을 칠지도 모르겠다. 성의 완공도 보지 못했을 뿐 아니라 자신의 마지막 바람마저 무시당한 셈이니 말이다.

노이슈반슈타인성에서 산 아래로 내려오면 호엔슈반가우성 옆에 짙푸른 알프 호수Alpsee가 있다. 알프스 첩첩산중을 배경으로 한 고요한 호수에는 루트비히 2세의 백조 사랑을 아는지 모르는지 여전히 백조 몇 마리가 새끼를 데리고 도도하게 노닐고 있다. 백조를 사랑하여 '백조의 땅'에 만든 '백조의 성'. 호수에 노니는 백조는 가족들과 단란한 한때를 보내고 있지만, 정작 백조의 성을 만든 이는 가족도 없이 쓸쓸하고 외롭게 죽었다. 탄성을 자아내는 아름다운 성에 담긴 슬픈 이야기, 참으로 슬프도록 아름다운 노이슈반슈타인성이다.

알프 호수에서 한가롭게 노니는 백조 가족. 노이슈반슈타인성은 날개를 접고
웅크린 백조의 모습을 본떠 지었다고 한다

로텐부르크
Rothenburg ob der
Tauber

동화 속 마을 같은 풍경과 동화 같은 이야기.

모든 게 동화의 한 장면 같은 로텐부르크에서는

모두가 동심으로 돌아가 기분 좋게 여행한다.

하지만 그 이면에는 잔혹동화 같은 역사가 스며 있다.

잔혹동화가 만든
비현실적 동화마을

　제법 오래전 모 항공사 광고에 인용된 동화 같은 이야기. 어떤 마을이 전쟁 중 침략을 당했고, 점령군은 주민을 몰살하려고 했다. 이때 숙청을 면해달라고 간청하는 시장에게 점령군 장군은 와인 한 통을 '원 샷' 하면 물러나겠다고 제안했다. 시장은 앞뒤 가리지 않고 와인 한 통을 비웠고, 점령군은 약속대로 물러났다.

　이것은 호랑이 담배 피우던 시절의 이야기가 아니다. 실제로 벌어진 역사의 한 순간이며, 바로 그 도시가 로텐부르크다. 이 사건은 1618년부터 1648년까지 당시 독일(신성로마제국)을 재앙으로 몰고 간 30년 전쟁 중 벌어졌다. 표면적으로 30년 전쟁이 가톨릭과 개신교 사이 종교전쟁 양상을 띠었는데, 개신교 도시인 로텐부르크가 가톨릭 도시인 뮌헨의 군대에 점령당한 것은 팩트다.

1 공연이 열리는 마르크트 광장
2 두 개의 성문과 중세 가옥이 어울린 플뢴라인
3 동화마을처럼 아름다운 로텐부르크 구시가지

또한, 당시 전쟁이 길어지면서 보급이 여의찮은 형편으로 점령군이 물자를 약탈하고 무수한 사람을 학살했던 비극이 곳곳에서 일어난 것도 팩트다. 30년 전쟁으로 인해 신성로마제국 인구의 1/3이 줄었다는 말까지 있다. 그러니 로텐부르크를 점령한 뮌헨의 군대가 주민을 몰살하려 한 것은 이례적인 일이 아니다.

당시 로텐부르크 시장이 와인 한 통을 '원 샷'하여 숙청을 면한 것은 팩트다. 여기서 와인 한 통은 3리터 이상, 그러니까 와인 4~5병을 단 번에 마신 것이다. 시장의 와인 원 샷 이후 점령군은 물러났고, 로텐부르크의 주민들은 학살로부터 살아남았다. 그러니까 로텐부르크의 이야기는 꾸며낸 드라마가 아니라 실존하였던 다큐멘터리다.

로텐부르크는 독일 종교전쟁 당시 무시무시한 일이 벌어졌던 역사와 달리 아담하고 소박하며 낭만이 넘치는 소도시다. 도시를 감싼 성곽은 원래의 모습을 잘 간직하고 있다. 벽돌이 울퉁불퉁 깔린 골목 양쪽으로 파스텔 빛깔의 옛 건물들이 예쁜 풍경을 완성한 가운데, 시청사와 교회 등 큰 건축물과 여러 박물관이 볼거리를 더한다. 또한, 로텐부르크에 본사를 둔 독일 최대 크리스마스 용품 기업 케테 볼파르트Käthe Wohlfahrt의 존재감으로 한여름에도 묘하게 크리스마스 분위기가 느껴져 더욱 낭만이 넘친다.

로텐부르크는 동화마을 같은 매력을 스스로 정확히 알고 있는 게 틀림없다. 수많은 관광객이 찾아오지만, 번쩍거리는 간판 하나 찾아볼 수 없는 조화로운 풍경을 강력히 고수하고 있다. 각 건물의 색상과 형태가 조화를 이루도록 규제도 마다하지 않는다. 지금은 쓸모가 없어진 성문과 망루 등의 건축물을 잘 보존해 더욱 고풍스러운 풍경을 완성했는데, 약간의 경사가 어긋난 곳에 두 개의 성문과 중세의 가옥이 기막히게 어우러지는 플뢴라인Plönlein이 그 백미라 할 수 있다.

도시 전반에 흐르는 전통적인 분위기도 로텐부르크의 낭만에 중요한 지분을 차지한다. 중세 의복을 입은 가이드가 밤에 등불을 들고 도시 투어를 진행하는 '나이트 워치맨'이 대표적이다. 그뿐만 아니다. 전통 복식을 갖춰 입은 시민들의 거리 공연도 심심치 않게 만날 수 있다. 와인 원 샷으로 도시를 구한 시장을 기리는 마이스터트룽크Meistertrunk(시장의 음주라는 뜻)는 의회연회관Ratstrinkstube의 특수장치로 재현되며 동화 같은 분위기를 더욱 끌어올린다.

사실 로텐부르크 시장의 와인 원 샷으로 점령군을 물리친 이 동화 같은 이야기는 희극이 아니다. 30년 전쟁 당시 침략군은 학살을 면해주고 도시를 떠났지만, 이때 도시의 식량과 물자를 전부 약탈해 갔다. 주민들은 간신히 목숨을 지켰지만, 전쟁 중 먹을 것이 떨어지고 물자가 바닥난 열악한 환경에 노출되었고, 이내 전염병이 돌며 수많은 사람이 목숨을 잃고 말았다. 이성을 상실한 전쟁 통에 와인 한 통 비운 게 기특해 상대를 배려한다는 게 가당키나 한 일인가! 결국 신성로마제국 자유도시로 번영하였던 로텐부르크는 이 시기를 기점으로 쇠락하고 주류에서 멀어지게 되었다. 우리

1 로텐부르크 마르크트 광장 시청사
(왼쪽)와 의회연회관(오른쪽)
2 화려한 크리스마스 용품이 전시된
케테 볼파르트 크리스마스 숍

가 광고에서 보았던 동화의 현실은 몹시 끔찍한 잔혹동화였던 셈이다.

여기에 반전이 하나 더 있다. 그렇게 쇠락한 로텐부르크는 이후 역사
의 전면에 등장할 일이 없는 작은 마을에 불과했기에 두 차례의 세계대전
에서 화마를 피했다. 온전한 성곽, 그 안에 보존된 중세 마을, 지금 우리가
볼 수 있는 이 모든 동화 같은 풍경이 400년 전의 잔혹동화까지 연결되는
것이니, 알면 알수록 재미있는 로텐부르크다.

튀빙엔
Tübingen

독일 소도시를 좋아하는 이유는
단순히 옛날 모습을 간직하고 있어서가 아니다.
민속촌처럼 보여주기 위해 가공한 공간이 아니라
지금도 사람이 살아가는 일상의 공간으로서
그 생생한 에너지까지 느껴지기 때문이다.
튀빙엔처럼 말이다.

아날로그의
천국

    세계에서 손꼽는 최첨단 독일. 그러나 독일의 감성은 디지털보다 아날로그에 가깝다. 많은 도시를 다니며 만난 독일인들, 그리고 독일인들이 만들어놓은 시가지의 풍경, 그 속에서 느껴지는 문화는 아무리 생각해 봐도 아날로그에 가깝다. 그래서 독일 여행 중 아날로그 감성을 만날 수 있는 곳은 수두룩하다. 그중에서도 가히 '아날로그의 천국'이라 해도 될 만큼 아날로그 감성에 충만한 곳이 있다. 바로 튀빙엔이다.

    튀빙엔 구시가지는 산등성에 형성되었다. 좁은 골목이 언덕의 위아래로 어지럽게 연결된 가운데, 이 굴곡진 시가지를 채우는 건물들은 대개 하프팀버 양식의 반목조 건물들이다. 나무로 건물의 뼈대를 만드는 하프팀버 양식은 현대인의 삶에 어울리지 않는 것처럼 보이지만, 족히 수백 년은 되었을 법한 건물들이 여전히 사람들이 생활하는 공간으로서 아직도 수

명을 이어가고 있다.

어떤 건물들은 무너지지 않을까 염려될 정도로 몹시 낡아 보인다. 그런데 이런 건물들도 속을 들여다보면 현대식으로 깔끔하게 정비되어 있다. 오늘날 관공서로 사용 중인 프루흐트카스텐Fruchtkasten, 박물관으로 사용 중인 코른하우스Kornhaus가 대표적인 예다. 수녀의 집Nonnenhaus도 삐뚤삐뚤 낡은 골격을 감추지 못한다.

자동차도 지나다니기 힘든 좁은 골목, 고풍스럽지만 낡은 건물들, 울퉁불퉁 깔린 돌바닥 등 튀빙엔의 거리는 그 자체가 아날로그 감성으로 충만하다. 은근히 가파른 경사 때문에 종종 다리가 뻐근해지지만, 그 덕분에 수시로 걸음을 멈추고 주변을 살펴보게 만든다.

아날로그의 하이라이트는 마르크트 광장Marktplatz에 있었다. 광장 중앙

마르크트 광장의 포세이돈 분수

에는 포세이돈 분수가 있다. 사계절을 형상하는 네 여신이 중앙의 포세이돈을 보필하는 모양의 분수다. 정교하게 제작된 이 분수는 제2차 세계대전 직후 튀빙엔에서 가장 먼저 복구되었을 정도로 시민들의 사랑을 받았다.

하지만 독일에서 이런 분수는 특별하지 않다. 어느 도시를 가도 흔하게 볼 수 있는 규모다. 튀빙엔의 포세이돈 분수를 특별하게 만드는 것은 '위트' 때문이다. 포세이돈 분수를 유심히 살펴보자 뭔가 눈에 들어왔다. 포세이돈의 삼지창 끝에 걸린 두루마리 휴지다. 서양에서는 화장실에서만 사용하는 두루마리 휴지가 도시의 심장부에 높이 걸려 있는 것이다. '물을 관장하는' 포세이돈이 화장실 휴지를 들고 있는 불경스러운 상황이라니! 그 위트를 보며 기분 좋게 웃게 된다.

대체 누가 이런 짓을 했을까? 설마 튀빙엔 시당국이 했을 리 만무하다. 그렇다면 누군가가 이 분수에 기어 올라가 꼭대기에 휴지를 걸어두었다

튀빙엔 전통 나룻배 슈토허칸과 장대를 든 뱃사공.
튀빙엔 대학생들은 용돈을 벌기 위해 슈토허칸 뱃
사공을 했다고 한다.

는 뜻일 게다. 비가 자주 오는 독일 날씨를 감안했을 때 어차피 오래 가지 않아 젖어 흘러내리겠지만, 그럼에도 불구하고 잠깐의 유희를 위해 누군가가 이런 귀여운 장난을 친 것이리라.

튀빙엔은 대학 도시다. 튀빙엔 대학교는 오랜 역사를 가지고 있고, 이 작은 도시는 학생들로 가득하다. 좁은 구시가지에서 조금만 넓은 공간이 나오면 어김없이 학생들이 주르륵 앉아 아이스크림을 먹으며 수다를 떠는 모습을 볼 수 있었다. 젊은 도시라서 그럴까? 정말 이 원색적이고 위트 넘치는 장난은 튀빙엔의 아날로그적 감성에 잘 어울리는 모습이었다.

튀빙엔 시가지 밑으로 네카어강Neckar이 흐른다. 독일에서 네카어강이 관통하는 유명한 도시로는 슈투트가르트와 하이델베르크를 꼽을 수 있는데, 아직 작은 물줄기로 흐르는 네카어강 상류가 튀빙엔의 아담한 구시가지와 어울려 매우 고즈넉한 풍경을 만든다.

특히 강을 오가는 슈토허칸Stocherkahn이라는 이름의 나룻배가 인상적이다. 슈토허칸은 베네치아의 곤돌라처럼 튀빙엔의 상징이 된 유명한 수상 교통수단이다. 뱃사공이 긴 막대기로 바닥을 짚으며 나아가는 평저선平底船이다. 전통적으로 튀빙엔 대학교의 학생들은 부업으로 슈토허칸 뱃사공이 되어 용돈을 벌었다고 한다. 오늘날도 학생들이 운행을 맡고 있는지 정확히 확인할 수 없었지만, 여전히 훤칠한 젊은이들이 노 젓는 모습을 볼 수 있다.

사람의 힘으로 강바닥을 짚으며 운행하는 배가 빠르게 떠가기는 힘들다. 슈토허칸은 최첨단 테크놀로지를 거부하며 물줄기를 따라 느릿느릿 흘러갈 뿐이다. 튀빙엔 여행 내내 움트던 아날로그 감성이 슈토허칸을 바라보며 만개한다.

1 허름한 외관의 수녀의 집
2 쉬어가기 좋은 홀츠마르크트 광장

가르미슈파르텐키르헨
Garmisch-Partenkirchen

알프스 하면 반사적으로 스위스를 떠올린다.

하지만 이 장엄한 산맥은 7개국에 걸쳐 있다.

독일도 그중 하나다.

가르미슈파르텐키르헨에 가면 알프스를 볼 수 있다.

그것도 꽤 멋진 절경과 함께.

알프스에 우뚝한
독일의 지붕

추쿠슈피체 정상에서 애완견과 함께 산책하는 여행자

한반도에서 가장 높은 곳은 백두산(2,750m). 남한에서 가장 높은 곳은 한라산(1,950m)이다. 그러면 독일에서 가장 높은 곳은? 알프스 산맥 한 봉우리인 추크슈피체Zugspitze(2,962m)다.

추크슈피체는 독일 최남단에 있다. 이 봉우리가 곧 국경선이다. 여기를 기점으로 서쪽부터 오스트리아 영토가 시작된다. 본래 독일이 오스트리아보다 서쪽에 있는데 이 부근은 산맥을 기준으로 국경을 나누다 보니 오히려 오스트리아보다 동쪽에 자리한다.

추크슈피체에 오르려면 제4회 동계올림픽 개최지 가르미슈파르텐키르헨을 거쳐야 한다. 가르미슈파르텐키르헨에서부터 출발하는 등반열차가 해발 2,600m 높이까지 편안하게 모셔다 준다. 그 이후부터는 케이블카로 정상까지 안전하게 오를 수 있다. 추크슈피체까지 오르는 동안 두 발을 이용해 등산하는 구간은 겨우 몇 미터에 불과하다. 덕분에 남녀노소 누구나, 심지어 견공까지도 어려움 없이 독일 최고봉에 오를 수 있다.

등반열차와 케이블카를 타는 비용은 저렴하지 않다. 하지만 스위스에 비하면 매우 합리적인 가격이다. '가성비 알프스'라는 말도 어색하지 않으니 과감히 투자할 가치가 충분하다. 추크슈피체는 산에 오르기 전부터 그림 같은 풍경이 펼쳐지고, 산 위에 오르면 눈을 뗄 수 없을 정도로 아름다운 절경이 끝없이 이어진다.

추크슈피체 정상 부근에는 전망대 라운지 건물이 있다. 케이블카를 타면 여기까지 데려다준다. 건물 옥상에 오르면 동서남북 네 방향을 모두 볼 수 있는 전망대가 있다. 어디를 바라보든 눈 덮인 바위 봉우리들이 몇 겹을 이루며 삐죽삐죽 솟아있다. 아래를 내려다보면 다리가 후들거릴 정도로 깎아지른 절벽이 까마득하다. 이런 곳에 견고한 건물을 세운 이들의 기술력도 대단하거니와, 이러한 인공적인 구조물을 만들면서 환경 파괴를 최소화하여 여전히 깨끗하고 아름다운 대자연의 위엄을 간직하고 있는 것은 감탄스럽기까지 하다.

전망대 위에서 360도 방향으로 멋진 절경을 바라보다보면 유독 반짝이는 황금 십자가가 눈에 들어온다. 이 십자가가 선 자리가 바로 독일에서 가장 높은 지점이다. 그런데 놀라지 마시라. 이 자리에 있던(지금은 박물관으로 옮겨진) 오리지널 십자가는 19세기에 사람들이 짊어지고 와서 세웠다고 한다. 독일에서 가장 높은 봉우리를 극진히 예우하려 무거운 십자가를 이곳까지 메고 올라왔을 당시 독일인의 심정이 느껴진다.

십자가를 지고 올라온 150년 전 독일인처럼 독일 최고봉을 두 발로 밟아볼 수 있을까? 가능하다. 단, 담력 시험을 통과해야 한다. 전망대 건물까지는 케이블카로 편안하게 데려다주지만, 독일 최고봉 추크슈피체를 밟기 위해서는 마지막 몇 미터만은 자신의 두 발로 직접 올라야 한다. 그런데 발 한 번 헛디디면 끝없는 절벽으로 떨어질 것 같은 이 아찔한 현장에 이렇다 할 안전시설이 보이지 않는다. 사다리를 타고 올라가 좁은 바

1 독일 알프스 최고봉 추크슈피체. 왼쪽 위 황금 십자가가
있는 곳이 정상이다
2 독일에서 가장 높은 비어가르텐 표지판

위 위를 걸어 정상에 세워진 황금 십자가까지 가야 하는데, 허리 높이도 되지 않는 안전 로프 정도만 눈에 보일 뿐이다. 바위 위의 좁은 통로에서 다른 여행자와 마주치기라도 하면 옆으로 피해줄 공간도 없어 보인다. 그래도 사람들은 한 번의 인증샷을 위해, 평생 가슴에 남을 짜릿한 경험을 위해, 스스로 장비를 가지고 와 정상을 향한다.

나는 이 담력 시험을 통과하지 못했다. 아니, 응시할 기회조차 주어지지 않았다는 표현이 어울리겠다. 아직 눈이 녹지 않아 최고봉으로 오르는 통로가 미끄러워 폐쇄된 탓이다. 물론 통로가 개방되어 있었다 하더라도 나의 담력으로는 절대 오르지 못했을 것이다. 하지만 전망대에서 정상의 십자가를 눈에 담아가는 것으로 충분히 만족한다.

추크슈피체 정상에는 레스토랑과 매점도 운영 중이다. 누가 못 말리는 '맥주광' 독일이 아니랄까 봐 '독일에서 가장 높은 비어가르텐'이라는 표지판까지 세워놓았다.

얼핏 생각하면 이런 관광지의 레스토랑은 굉장히 비쌀 것 같다. 당장 우리나라만 하더라도 등산 도중 사 먹는 음식물은 시중의 몇 배 가격을 당연하다는 듯 받지 않는가. 등산객들도 산 위에서는 다른 방법이 없으니 체념하고 그러한 '바가지'를 '자릿값'이라는 이름으로 순응하고 받아들이지 않는가. 하물며 3,000m에 육박하는 이 높은 곳에 딱 하나 있는 편의 시설이라면 대체 '자릿값'이 얼마나 엄청나게 붙을까?

그런데, 그렇지 않다. 시중가보다 약간 비싸기는 하지만, 우리 돈으로 겨우 천 원 남짓 비싸니 바가지라 하기에는 민망하다. 이들도 우리처럼 바가지를 씌워도 될 텐데, 어차피 여행자들은 선택의 여지가 없어 체념하듯 비싼 돈을 내고 먹게 될 텐데, 왜 이들은 '영리하게' 장사를 하지 않는 것일까?

이것이 독일의 양심과 상식 아닐까. 비단 추크슈피체뿐 아니다. 독일 어디를 가도 유명 관광지라는 이유로 가격을 지나치게 올려 받는 행위는 본 기억이 없다. 그것이 법으로 정해진 이유인지는 모르겠다. 하지만 꼭 법으로 정하지 않더라도 독일인은 자발적으로 비양심과 비상식을 피할 줄 아는 민족이기에 그 결과가 달라지지는 않았을 것이다. 이런 모습이 내가 독일을 좋아하는 이유 중 하나다.

베르히테스가덴
Berchtesgaden

풍경 좋은 자신만의 별장에서 쉬고 싶은 건

모든 인간의 본능이다.

독일의 어떤 독재자에게도 그런 별장이 있었다.

독재자가 사라진 그 별장은

모든 이의 휴식을 위해 열려 있다.

독재자 별장에서
맥주 한잔

독재자들은 꼭 별장을 선호한다. 당장 우리나라만 하더라도 남쪽의
독재자와 북쪽의 독재자는 저마다 한반도 곳곳에 별장을 만들고 외부와
차단된 쉼터에서 휴가를 즐겨왔다. 어쩌면 막대한 권력을 가졌으나 늘 두
다리 뻗고 잘 수 없는 그들의 신세가 '독립된 휴식처'를 갈망하게 했는지
도 모른다.

독재자라고 하면 인류 역사에서 절대 빼놓을 수 없는 인물, 아돌프 히
틀러. 그 역시 집권 기간 중 별장을 여럿 가지고 있었다. 베르히테스가덴
근처 독일 알프스의 유려한 풍경 속에 도도하게 자리 잡은 켈슈타인 하우
스Kehlsteinhaus도 그중 하나다. 켈슈타인 하우스는 히틀러가 만든 별장이라
기보다는 선물 받았다는 표현이 적절하겠다.

켈슈타인 하우스를 만든 사람은 히틀러의 개인 비서 겸 장관을 역임

독재자 히틀러 50세 생일 선물로 바쳐진 별장 켈슈타인 하우스.
높은 절벽 위에 지어진 별장과 주변 풍경이 그림처럼 아름답다

한 마르틴 보어만Martin Bormann이다. 그는 자신의 주군을 위해 해발 1,834m 높이의 절벽 위에 별장을 만들었고, 1939년 히틀러의 50세 생일을 축하하며 선물로 봉헌했다. 이때 전쟁 동지였던 이탈리아의 무솔리니도 대리석으로 만든 벽난로를 제작하여 선물로 보내주었다고 한다.

보어만은 별장의 이름을 아들러호르스트Adlerhorst, 즉 '독수리의 집'이라고 명명했다. 이 지역에 독수리가 많이 서식하기도 했지만, 프로이센 이래 나치에 이르기까지 항상 국가의 상징이 독수리였다는 점이 이름과 무관치 않다.

전쟁이 끝나고 나치가 패망한 이후 아들러호르스트는 개인 소유로 넘어갔다. 별장이 위치한 절벽 이름이 켈슈타인이라 켈슈타인 하우스로 이름을 바꾸었으며, 지금은 레스토랑으로 사용 중이다. 최고 권력자를 위한 별장이었으니 당연히 최고로 경치가 좋은 곳에 지었다. 켈슈타인 하우스에서 보이는 풍경은 한 폭의 그림이 따로 없다.

켈슈타인 하우스를 가기 위해 베르히테스가덴을 찾았다. 독일에서 동남쪽 가장 끄트머리에 있는 도시다. 이곳까지는 뮌헨에서 오스트리아 잘츠부르크로 갔다가 버스를 갈아타고 가는 번거로운 여정이었다. 오전 일찍 출발했지만 베르히테스가덴에 도착하니 이미 한낮의 태양이 뜨겁다. 그 태양을 마주하며 산에 올랐다.

켈슈타인 하우스까지 오르기 위해 인간의 다리가 수고할 일은 많지 않다. 버스가 켈슈타인 하우스 바로 아래에 있는 주차장까지 데려다주고,

주차장부터 절벽 위까지는 전용 엘리베이터가 데려다주기 때문이다. 전쟁이 한창인 1939년에 산을 깎아 엘리베이터를 만들었다고? 웃기는 이야기지만 실제로 그렇다. 보어만은 주군이 편히 행차하라고 산을 관통해 올라가는 엘리베이터를 만들고, 엘리베이터까지 접근할 동굴도 만들었다. 황동으로 만든 엘리베이터의 문을 열고 들어가면 온통 황금빛으로 빛난다. 엘리베이터는 켈슈타인 하우스까지 곧장 연결된다.

하지만 히틀러는 이런 멋진 별장을 선물로 받고도 몇 번 찾아오지 않았다고 한다. 세상을 집어삼키고 대제국의 황제가 되려 했던 스케일 큰 독재자는 은근히 겁쟁이였다. 황동으로 만든 엘리베이터에 혹시 벼락이라도 떨어질 것을 우려했고, 외딴 고산에서 혹시라도 습격받을까 우려했다고 한다.

1 켈슈타인 하우스로 올라가는 엘리베이터까지 이어진 동굴
2 켈슈타인 하우스에서 맥주 한잔

절벽 위에 우뚝한 켈슈타인 하우스는 끝이 아니다. 절벽보다 더 높은 산봉우리, 켈슈타인 정상Kehlstein-Gipfel까지 등산로가 쭉 이어진다. 멀리까지 가기는 어렵지만 잠시라도 등산로를 따라 높은 곳으로 발걸음을 옮겨본다. 더 멋진 풍광이 기다리고 있다. 절벽 위에 외롭게 자리 잡은 켈슈타인 하우스의 모습도 제대로 감상할 수 있다.

켈슈타인 정상은 나무가 많지 않은 바위산이라 그늘 찾기가 어렵다. 뜨거운 태양을 더 가까운 곳에서 맞이해야 한다. 그래도 고도가 높아 별로 덥지 않다. 곳곳에 벤치가 있어 쉬어가기도 좋다. 이쪽저쪽, 아무 의자나 앉아 까마득한 절벽 아래의 평원과 그 너머에 펼쳐진 산봉우리, 그리고 오가는 사람들을 구경한다. 관광객도 많지만 가족 단위로 찾은 현지인도 많다. 아빠 손을 꼭 잡고 바위 계단을 한 발 한 발 오르는 꼬마, 주인 손에 이끌려 높은 곳까지 따라나선 견공 등 다양한 군상이 보인다.

짧은 등산을 마치고 다시 켈슈타인 하우스로 내려갔다. 독재자의 별장에 더는 독재자가 없다. 대신 여행자들로 북적인다. 그러나 여행자 누구도 독재자를 추억하지 않는다. 나는 독재자가 쉬고자 했던 별장 테라스에서 맥주 한잔을 들이키며 휴식을 취했다. 청량한 맥주 한 모금이 어떤 대단한 권력자도 부럽지 않은 신선놀음과 같은 쾌감을 줬다.

'친환경 도시' 하면 떠오르는 곳이 있다.

도심에 그물망처럼 수로가 이어진 프라이부르크는

인간이 자연을 덜 훼손하면서도

충분히 쾌적한 삶의 누릴 수 있음을 보여준다.

세계가 '친황경의 수도'로 주목한다.

프라이부르크 도심을 그물망처럼 연결한 수로 베힐레.
누군가 화분 수레로 베힐레를 장식했다

독일
친환경의 성지

1970년대 독일 정부가 산골 소도시에 원자력 발전소를 짓겠다고 발표하자 시민들이 격렬히 반대하고 나섰다. 이럴 때 으레 나오는 말이 '그렇게 반대만 일삼을 거면 원전에서 생산한 전기는 쓰지도 말라'는 것. 이 '기적의 논리'가 난무하며 토론이 실종되기 마련. 그런데 이 도시 사람들은 정부의 계획을 무산시키고 원전 설립을 철회시켰다. 그 후 오직 재생에너지만 사용하면서도 쾌적한 삶을 누릴 수 있다는 걸 보여주겠다는 듯이 도시를 바꾸어나갔다.

독일 서남쪽 끄트머리에 있는 프라이부르크 이야기다. 이 도시는 1975년 원전 계획을 철회시킨 이후 세계가 주목하는 친환경의 성지가 되었다. 태양광을 비롯한 녹색 에너지만으로 도시를 운영해 친환경을 배우려는 사람들은 국적에 상관없이 꼭 가보아야 할 곳이 된 것이다.

행정가나 과학자들은 친환경 정책이 어떻게 구현되고 있는지 보고 싶어 프라이부르크를 방문한다. 하지만 내가 그곳에 가보고 싶은 가장 큰 이유는 따로 있다. 바로 '검은 숲'이라는 뜻의 슈바르츠발트Schwarzwald가 보고 싶어서다. 어찌나 삼림이 빽빽한지 하늘이 보이지 않을 정도라고 하여 '검은 숲'이라는 이름이 붙은 산맥이다. 프라이부르크는 슈바르츠발드 끝자락에 일군 도시다.

프라이부르크 도심을 조망하려면 슐로스베르크Schlossberg에 올라야 한다. 프라이부르크의 뒷산쯤 되는 슐로스베르크도 슈바르츠발트의 일부다. 그렇다고 동네 뒷산이라고 무시하지는 말자. 해발 450m가 넘으니 서울 남산보다는 높다.

슈바르츠발트의 향기라도 맡아보자는 마음에 슐로스베르크에 올랐다. 한때 요새가 있던 공터쯤 도착하니 전망대도 보였다. 전망대까지는 발 밑이 훤히 보이는 계단이 있어 차마 도전하지 못하고 맑은 숲의 공기로 폐를 정화하는 것에 만족했다.

슐로스베르크에서 발원한 드라이잠강Dreisam은 프라이부르크를 비껴 흐른다. 프라이부르크는 일찍이 드라이잠강을 적극적으로 활용해 도시를 조성했고, 프라이부르크만의 성취를 이뤄냈다.

첫 번째 성취는 베힐레Bächle라 부르는 인공 수로다. 프라이부르크는 12세기 드라이잠강의 물을 끌어와 도심을 관통하도록 작은 인공 수로를 만들었다. 이 수로의 본래 목적은 불을 끄는 소방용수였다. 화재에 취약했던 중세 독일에는 베힐레를 조성한 도시가 여럿 있었다. 하지만 오늘날까지 그것을 유지하고 있을 뿐 아니라 여전히 강물을 끌어와 수로에 흐르게 하는 도시는 프라이부르크가 사실상 유일하다.

중세 시대의 베힐레는 소방용수 목적이 컸다. 오늘날 베힐레는 소방용수의 기능은 거의 없다. 대신 베힐레는 도시의 지온을 낮추어 전기를 절약하고 탄소배출을 줄여주는 역할을 한다. 프라이부르크가 친환경을 달성하는 데 베힐레가 혁혁한 공을 세웠다고 할 수 있다. 베힐레를 향한 시민들의 사랑도 각별하다. 이곳 사람들은 자신이 사는 집이나 가게 앞의 베힐레를 직접 장식하는 게 유행이다. 외지인이 걷다가 베힐레에 발이 빠지면 프라이부르크 시민과 결혼하게 된다는 속설도 전해진다.

두 번째 성취는 피셔라우Fischerau다. 피셔라우는 드라이잠강과 연결되는 뱃길을 만든 곳의 지명이다. 피셔라우는 상인들이 배를 타고 교역하기 편하려고 만들었다고 한다. 지금은 수로를 따라 크고 작은 공방, 스튜디오, 갤러리 등이 들어서 아기자기한 매력을 발산하고 있다. 이곳은 현지인들에게 '작은 베네치아'라는 애칭으로 불린다.

프라이부르크 중심부는 도보 여행에 매우 안성맞춤이다. 친환경 정책으로 일과 시간에 자동차의 진입이 금지 또는 제한되기 때문이다. 옛 성문의 아치를 통과하는 트램, 자동차가 다닐 길을 점령하고 달리는 자전거, 베힐레에 발이 빠지지 않게 폴짝 뛰어넘는 사람들까지 프라이부르크의 모든 풍경은 스트레스와 거리가 멀다.

독일에서도 유명한 대학 도시여서 젊은 학생들의 비중도 높다. 이들이 만들어내는 젊은 문화와 신선한 분위기가 도시 곳곳에 흐른다. 오래된 펍과 작은 미술관 등 다채로운 매력의 공간이 작은 골목마다 펼쳐진다. 이들이 친환경이라는 목표를 달성하느라 개인의 행복을 희생하는 경우는 거의 없는 것 같다. 역시 프라이부르크는 친환경의 성지가 분명하다.

1 슐로스베르크 전망대에서 바라본 '독일 친환경 성지' 프라이부르크 전경
2 슐로스베르크 전망대
3 첨탑이 하늘을 찌르는 프라이부르크 대성당

레겐스부르크
Regensburg

독일에서 가장 오래된 도시 레겐스부르크.

이 도시에는 '역사적인 소시지'를 파는

900년의 역사를 가진 레스토랑이 있다.

'역사적인 소시지'를 한 입 베어 물고

도나우강을 따라 고대 로마의 거리를 거닐며

오랜 시간의 흔적과 마주해 보자.

역사적인 소시지를
찾아가는 길

 독일에서 가장 오래된 도시가 어디일까? 이 문제는 인류의 기록이 없던 시기의 일이기에 관점에 따라 정답은 제각각일 것이다. 다만, 고대 로마제국의 도시들이 가장 오랜 역사를 가지고 있다는 것에 이견이 없을 터. 그런 면에서 레겐스부르크는 독일에서 가장 오래된 도시로 꼽을 때 빼놓을 수 없는 곳이다.

 레겐스부르크는 고대 로마제국의 군사기지가 있던 곳이다. 기원전부터 존재했을 많은 건축물은 아쉽게도 오늘날까지 남아 있지 않지만, 여전히 로마 시대의 흔적이 군데군데 남아 있다. 포르타 프라에토리아Porta Praetoria는 179년에 지어진 것으로 추정되는 로마제국의 성문이다. 지금 성문은 극히 일부만 남아 있고, 나머지 부분은 후대의 건축으로 메워졌으나, 아무튼 2000년에 육박하는 오래전 석조 건축의 흔적을 오늘날에도 볼 수 있다. 성문이었을 곳의 아치, 그 옆에 망루였을 곳의 외벽 일부가 검게 그을린 채 세월을 고스란히 담고 있다. 심지어 주차타워를 짓기 위해 땅을 파다 우연히 로마 군사기지 성벽이 출토된 경우도 있었다. 이곳은 오랜 발굴을 거쳐 로마 유적 위에 주차타워를 지었는데, 주차타워 지하에 난데없이 고대 유적이 등장해 흥미로운 볼거리를 제공한다.

포르타 프라에토리아 지척에는 슈타이네른 다리Steinernebrücke가 있다. 1146년에 돌로 만들었으며, 독일에서 가장 오래된 석조 다리로 꼽힌다. 당시 레겐스부르크는 도나우강Donau을 건너는 다리가 필요했는데, 물살이 세고 강폭이 넓어 도저히 나무로는 만들 수 없었다. 그래서 돌을 이용해 튼튼한 다리를 만들었다. 석조 다리를 만드는 일은 당시로서는 매우 힘든 대공사였다.

그렇게 힘들게 완공된 슈타이네른 다리를 우리말로 직역하면 '돌다리'라는 뜻이다. 우리 선조들께서는 돌다리도 두들겨보고 건너라고 했던가? 슈타이네른 다리는 굳이 두들겨보고 건널 필요는 없을 것 같다. 천년 세월이 흘렀지만 여전히 견고하고 튼튼한 다리가 도나우강을 가로지르고 있다. 이 견고한 다리 위에서 바라보는 도나우강의 풍경은 한폭의 그림 같다. 또 대성당Dom St. Peter을 비롯해 구시가 풍경도 매우 아름답다. 이런 풍경이 펼쳐져 100m가 넘는 긴 다리를 건너는 동안 눈이 심심할 틈 없다.

1 신성로마제국 제국의회가 열렸던 레겐스부르크 구 시청사
2 레겐스부르크 대성당

독일 최초의 돌다리 슈타이네른 다리 위에서 바라본 도나우강과 한 폭의 그림 같은 레겐스부르크 풍경

슈타이네른 다리 옆에는 또 하나의 역사적인 장소가 있다. 직역하면 '역사적인 소시지 주방'으로 해석되는 히스토리셰 부어스트퀴혜Historische Wurstküche가 그 주인공이다. 히스토리셰 부어스트퀴혜는 세계 최초로 생긴 소시지 레스토랑으로, 그 역사는 슈타이네른 다리와 함께 한다.

당시 레겐스부르크에서는 슈타이네른 다리의 건설뿐 아니라 대성당을 더 크게 증축하는 공사도 함께 진행하고 있었다. 동시에 두 곳에 대형 토목공사를 벌이려니 당연히 엄청난 인부들이 동원되었다. 쉴 틈도 없이 바빴을 인부들이 스태미나를 빠르게 보충할 수 있는 음식을 조리해 팔기 시작한 것이 레스토랑의 시작이다. 900년의 역사를 가진 이 레스토랑이 처음부터 소시지만 전문으로 파는 곳은 아니었다. 그러나 중세부터 소시지가 압도적으로 유명해지면서 소시지 전문 레스토랑이 되었다. 따라서 레겐스부르크에서는 이 역사적인 소시지를 꼭 먹어봐야 한다.

오늘날에도 조그마한 오두막 같은 히스토리셰 부어스트퀴혜에서 쉴 새 없이 소시지를 구워 팔고 있다. 굴뚝에서는 연기가 그칠 날이 없으며, 현지인뿐 아니라 관광객들까지 길게 줄을 서서 자신의 차례를 기다린다. 나 역시 한참 동안 기다려 손에 쥔 '역사적인 소시지'를 한입 가득 베어 물고 도나우강을 바라봤다.

이렇듯 레겐스부르크는 독일에서 '가장 오래된' 상징적인 장소를 여럿 보유하고 있는 최고最古의 도시다. 이 틀 위에 세워진 레겐스부르크의 구시가지는 신성로마제국의 중심으로서 오랫동안 발전을 거듭하였다. 활기

차고 품격 있는 시가지와 광장들, 신성로마제국의 제국의회가 150년간 열린 구 시청사Altes Rathaus는 물론이고, 이름 없는 교회마저 화려함의 극치를 달린다.

하지만 레겐스부르크의 이 오랜 역사는 사라질 위기에 처하기도 했다. 제2차 세계대전이 끝나고 전쟁으로 파괴된 시가지를 다시 복구하는 과정에서 한때 구시가지를 없애고 현대적인 도시로 탈바꿈시킬 계획을 세웠다고 한다. 다행히 시민들의 격렬한 반대로 레겐스부르크는 원래의 모습으로 되돌아갈 수 있었고, 독일에서 가장 오래된 도시로서의 전통과 역사를 지킬 수 있었다. 지금은 구시가지 전체가 유네스코 세계문화유산으로 등록되는 영예도 얻었다.

그렇게 지켜낸 역사적인 구시가지에 로마 시대부터 시작되고 신성로마제국에서 만개한 오랜 시간의 흔적이 켜켜이 쌓여 있다. 역사적인 소시지를 찾아가는 길에 그 모든 시간의 흔적을 하나하나 만나게 된다.

1, 2 900년의 역사를 가진 '역사적인 소시지'(왼쪽)와 레스토랑 히스토리셰 부어스트퀴헤

다하우
Dachau

이곳을 맨정신으로 보기는 쉽지 않다.

정신적으로 힘든 하루가 될지도 모른다.

그래도 가보아야 한다.

그들의 양심을 보기 위해.

양심이 만든 결과를 보기 위해.

반성을 하려면
이들처럼

독일은 제2차 세계대전의 가해자였다. 우리가 일본에게 지독히 핍박 받은 것처럼 독일 주변 국가들, 특히 동유럽의 체코, 헝가리, 폴란드 등이 큰 핍박을 받았다. 유럽에 거주하던 유대인도 두말할 것 없는 피해자다.

전쟁은 끝났고, 피해자에게 해방의 기쁨이 찾아왔다. 그러나 우리나라 의 경우 잠시의 기쁨뿐이었다. 일본은 변변한 사과 한마디 없었고, 피해자 들에 대한 성의 있는 배상도 하지 않았으며, 과거의 행동에 대하여 반성하 는 모습도 보여주지 않았다. 심지어 역사를 왜곡하고 자신들의 과거를 합 리화하려고까지 한다.

그러나 독일은 달랐다. 독일은 서독 총리 빌리 브란트가 직접 폴란드 를 찾아가 비를 맞으며 무릎을 꿇고 사죄했다. 전쟁 당시 독일에 의해 피 해를 당한 이들에게는 모두 배상을 해줬다. 혹 배상이 누락된 사람은 지 금이라도 신청하면 배상을 해준다. 전범을 낱낱이 재판정에 세워 처벌하

1 다하우에 있는 홀로코스트 희생자 추모비
2 강제수용소 기념관 내부 박물관
3 Arbeit Macht Frei(노동이 자유하게 하리라)라는 나치 글귀가 적힌 강제수용소 입구

고, 도망간 전범은 지금까지 수배하여 처벌하고 있다. 그리고 과거의 잘못을 반성하며 다시는 그러한 실수를 되풀이하지 않도록 후손들에게 올바른 교육을 소홀히 하지 않고 있다. 참으로 우리의 이웃 나라와는 결이 다르다.

그들의 반성이 껍데기에 그치지 않는다는 것은, 가해자로서 자신들의 부끄러운 과거를 낱낱이 공개하고 있다는 점에서 분명해진다. 그중에서도 가장 임팩트 있는 반성의 현장은 과거 나치의 강제수용소를 공개한 것이 아닌가 싶다.

나치 최초의 강제수용소는 뮌헨 근교 다하우에 있으며, 전쟁이 끝난 뒤 박물관으로 개조하여 일반에 공개되었다. 다하우 강제수용소 기념관 KZ Gedenkstätte Dachau은 독일이 스스로의 치부를 낱낱이 밝히고 피해자에게 사죄하는 현장이며, 모두에게 무료로 열려 있다.

다하우 강제수용소 입구에는 '노동이 자유하게 하리라Arbeit Macht Frei'는 글귀가 남아 있다. 폭압적인 강제 노역을 시킨 이들이 노동과 자유를 슬로건으로 새긴 셈이니 이미 출입문에서부터 비정상의 기운이 물씬 풍긴다. 그리고 내부로 들어가면, 과연 이 야만의 현장을 어떻게 표현해야 할지 모르겠다. 과거의 기록들, 사진, 수감자의 증언, 수감자의 생활용품 등을 보고 있노라면 절로 미간이 찌푸려진다. 글은 미간을 찌푸리면서 읽을 수라도 있다. 하지만 사진은 똑바로 쳐다볼 수도 없을 정도로 잔혹하다. 불과 80여 년 전에 실제로 있었던 일이라는 것에 더욱 치가 떨린다.

각각의 자료들은 꽤 전문적인 수준으로 공개되어 있다. 전문적인 수준의 설명을 100% 독해하기는 어려웠다. 그러나 설명을 일일이 해석하지 않더라도 사진과 시청각 자료만으로도 그 내용은 강력한 힘을 머금어 가슴속으로 전달된다.

악명 높은 홀로코스트의 현장인 가스실도 남아 있다. 수용소 부지가 꽤 넓어 가스실을 찾는 데에 다소 애를 먹었다. 그 악랄한 나치조차도 이 야만의 현장을 수용소 중심에 두기는 힘들었던 모양이다. 가스실은 꽤 으슥한 곳, 울창한 나무들 틈에 조그맣게 자리 잡고 있다. 몇 평이나 될까? 가스실 내부는 그냥 네모반듯한 방이다. 누가 설명해 주지 않으면 모르고 지나칠 수도 있을 정도로 평범하게 생겼다. 이렇게 평범한 공간에서 수많은 사람의 목숨을 앗아갔다는 사실이 실감나지 않는다. 그만큼 이성의 영역에서는 도무지 접근이 불가능한 광기의 현장을 두 눈으로 지켜보게 된다.

가스실 바로 옆에 화장터가 있다. 강제수용소에서 죽은 수감자들의 시체를 태운 곳이다. 사람 목숨을 종잇장처럼 하찮게 여겼던 그들의 야만을 되새긴다. 심지어 가스실에서 대량으로 사람을 학살한 뒤 그 많은 시체를 일일이 처리하지 못해 화장터 앞에 산처럼 쌓아둔 사진도 있다. 어지간히 비위 좋은 사람이 아니고서는 더 이상 자리를 지키기 힘들다. 그나마 식사를 하지 않고 다하우를 찾았던 것이 천만다행이다.

수용소 부지 곳곳에는 훗날 세워진 기념비도 존재한다. 이러한 조형물은 둘 중 하나다. 독일인이 희생자를 위로하고 사과하며 세운 것이거나, 또는 피해자가 독일인을 용서하며 세운 것이거나. 진심 어린 사과는 결국 피해자의 마음도 녹일 수 있는 법. 수십 년이 지나도록 원점을 벗어나지 못하는 우리와 일본의 관계를 생각한다면, 그리고 일제에 의해 받은 상처 때문에 아직도 눈물을 지우지 못하는 우리네 피해자들을 생각한다면, 이 현장이 얼마나 가치 있는지 쉽게 깨닫게 된다.

독일의 입장에서 이러한 강제수용소는 감추고 싶은 치부일 것이다. 그런데 이렇게도 자세하게 가해의 현장을 공개하고 있다는 사실이 매우 놀라웠다. 그냥 공개하는 시늉만 할 수도 있었을 것이다. 이 장소에서 어떠어떠한 유감스러운 일이 있었노라 구색만 갖출 수도 있었을 것이다. 더 자세한 내용이 궁금하면 몇 km 떨어진 박물관에 가서 보라고 할 수도 있었을 것이다. 하지만 독일은 그렇게 하지 않았다. 방문자가 속이 울렁거릴 정도로 자세하고 방대한 자료를 가감 없이 공개하고 있다. 사람의 눈요기를 채우기 위한 관광지가 아니라 역사의 산 현장으로서 묵직한 울림을 준다.

그렇게 성의 있게 공개된 가해의 현장, 한때 엄청난 광기와 폭력과 야만이 지배했던 이 장소는 지금 너무도 조용하고 엄숙한 기념관이 되었다. 아이를 데리고 찾은 부모들은 자기 부모 세대가 무슨 짓을 저질렀는지 자녀 세대에게 성실하게 교육하고 있었다. 단체로 찾은 학생들은 교사로 보이는 인솔자의 통제에 따라 흐트러짐 없는 심각한 자세로 경청하고 있었다.

과거의 '범죄자'는 이렇게 현재의 '교육자'가 되었다. 숨기고 싶은 과거를 낱낱이 공개함으로써 다시는 이러한 역사를 되풀이하지 않겠다는 독일의 의지를 담고서. 누가 시키지 않아도 자발적으로 자녀와 학생들에게 그 교훈을 전달하는 어른 세대의 각성까지 더해졌다. 반성을 하려면 이들처럼 해야 진짜 아닐까? 이것이야말로 진정한 독일의 저력 아닐까?

만약 훗날 독일에 극우주의 광풍이 불어 과거사를 왜곡하려는 움직임이 생기더라도, 다하우 강제수용소는 그런 거짓말을 용납하지 않는 '고발자'가 될 것이다. 정치인이든 지식인이든 누구든 역사를 왜곡하는 망언을 내뱉을 때 그의 거짓을 고발할 것이다. 인간이란 악한 존재이기 때문에 언제 어떻게 바뀔지 모른다. 지금은 일견 합리적이고 이성적인 독일인들이지만 훗날 어떻게 돌변할지 아무도 장담할 수 없다. 그럴 일이 없기를 바라지만, 인간의 불완전성은 늘 오류 가능성을 내포하고 있다.

그런 일말의 가능성을 생각했을 때, 다하우 강제수용소 기념관은 훗날 악한 인간이 혹시라도 역사 앞에 죄를 짓는 일이 생기지 않도록 든든히 지켜주는 소중한 역할을 앞으로 계속 이어갈 것이 분명하다.

1 강제수용소의 옛 감옥
2 참혹한 비극의 현장 가스실
3 희생자를 추모하며 만든 작은 예배당

뮌헨
München

처음 독일을 만났을 때 뇌리에 각인된
인상적인 콘텐츠를 꼽으라면 어떤 게 있을까?
맥주, 축구, 그리고 자동차가 아닐까?
이 모두 콘텐츠로 가득차 놀라운 도시 뮌헤!
뮌헨은 내 마음속 독일의 수도다.

내 마음속
독일의 수도

보통 한 나라의 수도가 그 나라의 경향성을 대변하기 마련이다. 그런데 독일은 다르다. 우리가 독일을 상상할 때 흔히 떠올리는 전형적인 모습이 가장 멋들어지게 펼쳐지는 곳은 독일의 수도 베를린이 아니다. 그러면 어디로 가야 할까? 나는 주저 없이 뮌헨을 꼽는다.

뮌헨은 바이에른 왕국의 수도였다. 바이에른은 신성로마제국에서 합스부르크 가문이 지배하던 오스트리아 지역을 제외하고 지금의 독일 영토 내로 국한했을 때 가장 강한 위세를 떨친 국가 중 하나였다. 바이에른 공국의 중심 뮌헨은 오스트리아와 이탈리아 사이의 지리적 이점을 이용한 상공업의 발달로 일찌감치 부유한 도시가 되었다. 바이에른의 비텔스바흐 Wittelsbach 왕가는 뮌헨을 강한 도시로 발전시키는 데에 지원을 아끼지 않았다.

뮌헨 마리아 광장의 신 시청사

    그 덕분에 뮌헨은 신성로마제국의 전통을 간직한 도시 중 오스트리아 빈(비엔나)에 이어 가장 발전된 도시가 되었다. 두 차례의 세계대전을 치른 뒤에도 오랜 인프라를 바탕으로 금세 경제 발전의 선두에 서게 되었고, 지금도 독일에서 지역별로 국민소득을 따지면 가장 부유한 도시는 언제나 뮌헨이다.

    뮌헨 시가지의 중심 마리아 광장Marienplatz은 바로 이러한 뮌헨의 특징이 가장 두드러진 곳이다. 독일 특유의 광장 문화, 그리고 강력한 도시의 권력을 상징하는 두 개의 거대한 시청사, 화려하지 않지만 거대하고 웅장

바이에른 공국 시절 왕실 양조장이었던 호프브로이 하우스

한 여러 교회가 조화를 이루고 있다. 특히 성모 교회Frauenkirche의 높은 첨탑은 마치 양파처럼 생겨 친근하게 다가온다. 광장 뒤편으로는 비텔스바흐 가문의 레지덴츠 궁전Residenz, 그리고 중세에는 최고의 문화공간이었던 오페라 극장까지 옹기종기 모여 있어 마리아 광장은 그야말로 '전형적인' 독일의 시가지가 거대하게 펼쳐진 곳이다.

독일 하면 떠오르는 맥주 또한 독일에서 가장 유명한 도시가 뮌헨이다. 독일 맥주의 품질과 맛은 이미 널리 알려져 있는데, 그 이유로 꼽히는

도심에서 가장 높은 양파 모양의 성모 교회 첨탑이 있는 뮌헨
세계 최대의 맥주 축제 옥토버페스트가 열리는 도시다

것이 '맥주 순수령'이다. 맥주 순수령은 맥주를 양조할 때 물, 호프, 맥아, 효모 외에 다른 원료를 일체 첨가할 수 없도록 만든 법으로, 독일 맥주의 오늘을 있게 한 원동력이다. 똑같은 원료를 가지고 차별화된 맥주를 만들기 위해 저마다 치열하게 연구하여 우수한 맥주가 생산될 수 있었고, 그 전통은 고유의 양조법이 되어 지금도 전수되고 있다. 맥주 순수령은 바이에른 공국에서 공표되었다. 따라서 바이에른 공국의 수도였던 뮌헨은 그야말로 순수한 맥주의 도시라고 할 수 있다.

뮌헨과 그 주변의 바이에른 지역은 오늘날에도 맥주 양조장의 전통이 잘 남아 있다. 밀로 만들어 훨씬 고소한 바이첸 비어Weizenbier, 효모까지 그

1 세계 최대 맥주 축제가 열리는 옥토버페스트 현장
2 호프브로이 하우스의 맥주

대로 살려 심지어 달콤한 풍미가 가득한 헤페바이첸Hefe-Weizen 등이 처음 만들어진 곳이기도 하다. 그러니 뮌헨을 여행할 때는 반드시 유서 깊은 양조장에 들러야 한다. 바이에른 공국 시절부터 왕실 양조장으로 만들어진 호프브로이 하우스Hofbräuhaus가 대표적인 곳. 독일에서 맥주를 마셔보지 않는 것도 참 안타까운 일이지만, 심지어 뮌헨에서 맥주를 마셔보지 않는 것은 정말 안타깝고도 안타까운 일이다.

이왕이면 가을에 열리는 '세계 3대 축제' 옥토버페스트Oktoberfest 기간에 맞춰 방문해도 좋겠다. 본질은 독일 모든 지방에서 비슷한 시기에 열리는 민속축제이지만, 맥주의 차원이 달라 자연스럽게 맥주 축제하면 옥토버페스트로 연결된다. 옥토버페스트야말로 뮌헨의 맥주가 얼마나 대단한지, 그리고 맥주를 향한 뮌헨 시민의 열정이 얼마나 뜨거운지 확인할 수 있는 현장이다.

'Made in Germany' 중 세계에서 누구도 따라올 수 없는 최상품으로 꼽는 것이 있다면 바로 자동차일 것이다. 독일 차는 단순한 '탈 것'이 아니다. 세계인의 '로망'이다. 그중에서도 메르세데스-벤츠와 함께 최고 자리를 놓고 다투는 BMW(Bayerische Motoren Werke)의 생산기지가 뮌헨이다. BMW라는 이름이 바로 '바이에른 엔진 회사'라는 뜻이다.

뮌헨에 있는 BMW 본사에는 BMW의 역사를 간직한 박물관이 있다. 1916년 창사 이래 제작된 자동차, 오토바이, 엔진 등이 전시되어 있으며, 포퓰러 경주에서 수상한 레이싱카와 트로피, 미래형 콘셉트 카 등이 원통형의 박물관 곳곳을 채우고 있다. 자동차에 관해 딱 '보통 남성' 정도의 호기심을 가진 내 눈으로 보기에도 BMW 박물관은 명차의 자부심이 느껴지는 공간이었다.

독일인에게 '제2의 공기'와도 같은 축구도 마찬가지. 축구에 조금만 관심이 있어도 알고 있을 명문 구단이자 독일에서 가장 우승 트로피를 많이 들어 올린 팀이 바이에른 뮌헨이다. 바이에른 뮌헨의 홈구장 알리안츠 아레나Allianz Arena는 그 영광이 한껏 빛을 발한다. 온통 황금빛으로 반짝이는, 셀 수 없을 정도로 많은 트로피가 그것을 증명한다.

알리안츠 아레나에 가려면 전철을 타야 한다. 그리고 전철역부터 경기장까지 족히 20분은 걸어야 한다. 이왕 전철역을 만들 거면 경기장에서 좀 가까운 곳에 만들면 좋지 않을까 하는 생각이 들 수 있다. 하지만 7만 5,000명을 수용할 수 있는 알리안츠 아레나가 경기일마다 만원을 이룬다는 사실을 상기해 보라. 전철역에서 경기장으로 이어진 20분의 거리는 수만 명이 동시에 입장하고 퇴장할 때 최소한의 안전을 담보하는 마지노선인 것이다.

세계 최고의 맥주가 있다. 그것은 수백 년의 전통을 자랑하며, 세계적인 축제로 연결된다. 세계 최고의 자동차를 만든다. 그것은 비싼 가격임에도 선망의 대상이 된다. 세계 최고의 축구가 있다. 그것은 수만 명을 동시에 웃고 울게 하는 일상의 문화다. 이 모든 것이 도시 속에 자연스럽게 어우러지며, 아무 곳에서나 그 존재감을 발산한다.

뮌헨에서 느낄 수 있는 감정을 한 단어로 표현하자면 자부심 또는 자신감으로 정리할 수 있을 것 같다. 뮌헨의 자부심의 원천이 단지 소득이 높은 부유한 도시라는 것만은 아닐 것이다. 어쩌면 뮌헨 시민들도 자신들이 실질적으로 독일이라는 나라를 대표한다고 생각하기에 더욱 자신감이 넘치는 것 아닐까? 그 자부심이 이들을 더 당당하고 활기차게 하면서도 독일의 고유한 매력을 해치지 않고 그 철학을 계승하도록 만드는 원동력이 아닐까? 그 '독일다움'의 자부심이 물씬 풍기는 이 도시를, 나는 내 마음속 독일의 수도로 명명할 수밖에 없다.

1 바이에른 뮌헨의 홈구장 알리안츠 아레나 **2** 명차의 자부심이 느껴지는 BMW 박물관

PART
02

독일 서부

낭만이라는 수식어가 어울리는 소도시는 많다.

그런데 이곳은 도시 분위기가 낭만적인 건 물론이고,

낭만적인 사건도 여러 차례 반복되었던

그야말로 로맨스의 화신과도 같은 도시다.

낭만에
낭만을 더하면

하이델베르크는 연간 1,100만 명 이상의 관광객이 찾는 인기 도시다. 인구 16만 명의 작은 도시임을 생각하면, 인구의 80배에 달하는 방문객 숫자는 실로 엄청나다. 대체 무엇이 이토록 많은 사람들을 작은 도시로 모이게 하는 것일까?

그동안 하이델베르크를 여러 차례 여행했다. 미로 같은 좁은 골목도 지도 없이 목적지를 찾아다닐 수 있을 정도로 빠삭하다. 그런데 새로운 이슈가 없어도 기회가 될 때마다 또 찾게 된다. 나는 기본적으로 관광객이 바글바글한 곳을 선호하지 않는다. 그런데 하이델베르크는 뭔가 특이하다. 북적거리고 시끄러워도 늘 차분한 분위기가 있다. 그리고 거기에서 느껴지는 독특한 느낌이 여행 세포를 자극한다. 하이델베르크는 논리적인 언어로 설명하기 어려운 마법을 부린다.

1 하이델베르크성의 웅장한 모습
2 파괴되어 외벽만 남은 하이델베
르크 성채 일부

하이델베르크의 하이라이트는 단연 하이델베르크성Schloss Heidelberg이다. 산 중턱에 있는 육중하고 붉은 고성. 그런데 자세히 보면 온전치 않다. 일부는 부서지고 일부는 무너져 반쯤 파괴된 모습이 눈에 들어온다. 하이델베르크성이 파괴된 것은 17세기의 30년 전쟁 때문인데, 이후 여러 차례 성을 복원하고자 하는 노력에도 불구하고 끝내 실패하고, 결국 더 무너지지 않도록 보수하는 선에서 유지되고 있다. 그런데 그 모습이 오히려 감성을 자극해 아련한 느낌을 자아낸다.

성의 바깥뜰에 있는 엘리자베트문Elisabethentor은 로맨스의 도시 하이델베르크를 직접적으로 증언한다. 1615년 선제후가 왕비를 맞이하면서 선물로 주고 싶어 하룻밤 만에 문을 세우고 왕비의 이름을 붙여주었다고 한다. 결혼 선물로 문 하나 정도는 지어주어야 하는 '사랑꾼'이 다스린 도시인 셈이다.

오늘날 성의 안쪽에 거대한 술통이 있고, 술통을 지키라고 시켰더니 모두 마셔버린 난쟁이 페르케오의 이야기도 전해진다. 성의 테라스에서 보이는 하이델베르크의 전경은 또 어떠한가! 네카어강이 조용히 흐르는 가운데 붉은 지붕이 올망졸망 모여 있는 시가지는 평화롭고 아름답다.

하이델베르크성에서 내려와 200년 역사를 가진 '노포'로 향한다. 직역하면 '붉은 황소'라는 뜻의 춤 로텐 옥센Zum Roten Ochsen은 합리적인 가격에 푸짐한 향토 요리를 내어주는 식당이다. 하이델베르크를 배경으로 하는 영화 〈황태자의 첫사랑Alt Heidelberg〉에도 등장하는 곳이어서 여행자가 많이 찾지만, 그보다는 하이델베르크 대학생들이 더 많이 찾는다.

이 식당은 같은 가문이 6대째 같은 장소에서 운영하고 있다. 내부 인테리어도 원형 그대로 보존하고 있어 마치 그 자체로 하나의 타임캡슐 같다. 벽마다 흑백사진이 가득한데, 대부분 이 식당에 다녀간 학생들의 사진이라고 한다. 실제로 내가 식당에 들렀을 때 정장을 차려입은 한 남성이 사진을 유심히 들여다보다가 자기 할아버지를 찾았다고 식당 주인과 이야기하는 모습을 구경하였던 경험이 있다. 하이델베르크가 로맨틱 영화의 배경지라서 낭만적인 게 아니다. 이처럼 대를 이어 같은 추억을 공유할 수 있다는 게 참으로 낭만적이다.

하이델베르크는 독일에서도 첫손에 꼽히는 대학도시다. 인구 16만 명 중 약 15%가 하이델베르크 대학교 학생이다. 이 대학교는 1386년 신성로마제국에서 세 번째로 설립되었다. 독일 영토로 한정하면 최초의 대학교이기도 한 이곳의 높은 수준은 굳이 설명이 필요 없을 정도.

그런데 이처럼 위대한 지성의 요람도 중세의 법률 때문에 1800년대 후반까지 여성은 입학할 수 없었다. 또한, 학생들이 도시의 여성과 교제하는 것도 금지되었다. 그러나 어찌 혈기 왕성한 청춘의 에너지를 억지로 통제할 수 있을까. 학생들은 기숙사에서 나와 동네 카페에서 자연스럽게 남녀가 어울렸다. 카페에서는 이것에 착안해 남녀가 키스하는 도안의 초콜릿을 만들어 판매했는데, 청춘들은 사랑 고백 대신 초콜릿을 몰래 건네며 마음을 전했다고 한다. 바로 그 초콜릿 슈투덴텐쿠스Studentenkuß는 오늘날까

하이델베르크 학생들의 흔적이 가득한
레스토랑 춤 로텐 옥센

지 도시의 특산품으로 많은 사랑을 받고 있다.

간혹 규칙을 어기다 적발된 학생들에게는 감옥이 기다리고 있었다. 그런데 학생감옥Studentenkarzer이라는 것이 우리가 생각하는 감옥과는 달랐다. 외출도 가능했고, 술도 반입할 수 있었다. 그래서 학생들에게는 감옥행이 일종의 훈장처럼 여겨졌고, 일부러 규칙을 어겨 학생감옥 생활을 즐기기도 했다. 당시 학생들이 남긴 낙서가 가득한 학생감옥은 지금도 박물관의 일부로 구경할 수 있다.

하룻밤 만에 성문을 만들어 왕비를 맞이한 군주, 6대째 가업을 이으며 수많은 사람의 추억을 지켜주며 로맨스 영화의 촬영지가 된 식당, 사랑의 메신저 역할을 한 초콜릿, 이 낭만적인 소도시에는 어찌 이렇게 낭만적인 사건이 가득한지 모르겠다.

지금도 하이델베르크에서는 인구의 15% 이상을 차지하는 젊은 학생들은 새로운 추억을 만들고, 인구의 80배가 넘는 여행자가 찾아와 새로운 추억을 만든다. 이 사랑스러운 도시에 새로운 낭만이 켜켜이 덧입혀진다.

1 조명을 받아 황금색으로 빛나는 하이델베르크성
2 왕비에게 선물하기 위해 하룻밤에 쌓았다는 하이델베르크성 엘리자베트문
3 하이델베르크성의 무너진 성채

뤼데스하임
Rüdesheim am Rhein

싱그러운 와인 향에 기분이 좋아진다.

그 앞으로 펼쳐지는 강을 따라 배를 타고 떠난다.

이곳은 유명한 전설을 쫓아 떠나는

여정의 출발점이다

와인에 취하고,
강바람에 취하고

라인강변 가파른 언덕을 따라 자리한 포도밭과 고성.
독일 민요 '로렐라이 언덕'을 찾아 가는 길이다

라인강을 오가던 뱃사람들은 요정의 노래에 넋을 잃었다. 그들이 정신을 차렸을 때 이미 배는 물살이 센 급커브 구간에서 침몰하고 있었다. 로렐라이 언덕의 전설. 비록 전설은 허구일지 몰라도 언덕은 실물이다. 유네스코 세계문화유산으로 등록된 라인강 중상류 계곡Oberes Mittelrheintal의 로렐라이 언덕Loreleyfelsen을 보기 위해 사람들은 유람선을 탄다. 뤼데스하임은 바로 이 유람선의 출발지이다.

뤼데스하임을 단지 로렐라이 언덕을 보러 가는 유람선만 타기 위해 들르는 것은 정말 아깝다. 뤼데스하임에서는 와인의 향기에 취해야 한다. 뤼데스하임은 독일에서 가장 유명한 포도 산지이자 와인 향기가 작은 시가지에 기분 좋게 진동하는 시골 마을이다. 사람 서너 명 지나가면 꽉 찰 정도로 좁은 골목은 와인 숍과 레스토랑이 점령했고, 아기자기한 건물들은 포도나무 넝쿨과 앙증맞은 간판으로 치장하고 있다. 예쁘다는 표현보다 귀엽다는 표현이 더 어울리는 골목이다.

뤼데스하임의 중심가는 드로셀 골목Drosselgasse이다. 중심가라고 해봐야 200m 남짓한 좁은 골목일 뿐이지만, 워낙 좌우에 구경할 것이 많아 족히 2km는 되는 것처럼 길게 느껴진다. 이곳의 와인 숍에서는 가판을 만들어 일회용 컵에 와인을 따라 저렴한 가격으로 판매한다. 굳이 거창하게 레스토랑에서 와인 잔을 기울이지 않더라도 부담 없이 뤼데스하임의 와인을 맛볼 수 있다. 물론 너무 부담 없다고 경계를 풀면 자칫 취할 수 있다. 뭐, 이 도시에서는 와인에 취해도 로맨틱할 것 같지만 말이다.

골목 투어를 마치면서 적당한 레스토랑에서 와인을 곁들여 요기도 했다. 기분이 한껏 좋아져서 라인강으로 내려가 유람선에 올랐다. 유람선은 갑판에 아무렇게나 의자를 놓고 앉는 방식이어서 경치 좋은 방향을 차지하기 위한 눈치싸움이 치열하다.

유람선이 출발하면 그림 같은 풍경이 쉴 새 없이 펼쳐진다. 유람선이 다니는 라인강의 중북부 계곡은 강변 양쪽으로 산이 이어지는데, 그 산자락마다 고성이 자리 잡고 있어서 특히 아름답다. 어떤 고성은 부서져 폐허로 남아 있고, 또 어떤 고성은 복원을 마치고 호텔이나 유스호스텔로 사용되기도 한다. 푸른 강물과 울창한 산, 그 위로 삐죽삐죽 솟아오른 고성들, 또 자주 눈에 띄는 포도밭 등 유람선 갑판 위에서 전후좌우로 보이는 풍경은 잠시도 눈이 쉴 틈을 주지 않는다. 고성 가운데 역사적 가치가 있거나 유명한 전설이 깃든 곳을 지날 때는 안내방송이 나오기도 한다. 그런데 이런 실외에서 안내방송이 잘 들릴 리가 없다. 세찬 강바람 소리가 방송 소리를 압도한다. 하지만 강바람을 맞으며 주변 경관에 취하는 것만으로도 충분한 낙원이니 상관없다.

순항하던 유람선에서 갑자기 음악 소리가 나온다. 성수기 때는 밴드가 직접 연주할 때도 있는 모양이지만, 성능이 썩 좋지 않은 스피커를 통해 나오는 민요 소리도 나쁘지 않다. 이것은 로렐라이 언덕이 다가옴을 알리는 신호. 이때부터 사람들은 좌우로 고개를 돌리며 로렐라이를 찾는다. 하지만 그저 똑같은 풍경이 계속된다.

1 독일에서 가장 유명한 와인 산지 뤼데스하임에 펼쳐진 넓은 포도밭
2 골목 레스토랑에서 맛보는 뤼데스하임 와인
3 누가 설명해주지 않으면 모르고 지나칠 법한 로렐라이 언덕
4 라인강 중상류 계곡의 절벽에 자리한 고성

뤼데스하임 중심가 드로셀 인근의 예쁜 골목 풍경

여행 마니아들 사이에서 우스갯소리로 회자되는 이야기 가운데 '유럽에서 유명하지만 막상 가보면 실망하는 세 곳'이 있다고 한다. 덴마크 코펜하겐에 있는 인어공주 동상, 벨기에 브뤼셀에 있는 오줌 싸는 아이 동상, 그리고 또 하나가 바로 로렐라이 언덕이란다. 직접 보니 그 말이 무슨 의도인지 이해가 된다. 로렐라이 언덕은 누가 설명해 주지 않으면 아무것도 모르고 지나치게 생겼다. 둔탁한 바위 절벽 꼭대기에 독일 국기가 펄럭이는 것이 전부이니 말이다.

하긴, 전설을 살려보겠다고 다른 재주라도 부리면 그것이 어디 독일이겠는가. 민요라도 틀어주며 뭔가를 한다는 것만으로도 이미 그들은 기준 이상의 성의를 보인 것이다. 이렇게 솔직 담백하게 날것 그대로를 보여주는 '쿨 한' 매력에 나는 또 한 번 빠져든다.

만하임
Mannheim

애초부터 바둑판처럼 구역을 나눠 도시를 지었다.

그곳에 시민을 위한 쾌적한 공원이 있고,

활기 넘치는 학생들을 위한 궁전이 있다.

중세의 계획도시 만하임은

체크무늬 양복 입은 멋쟁이 신사 같다.

체크무늬 양복 입은
멋쟁이 신사 같은

요즘에는 도시를 계획하면서 바둑판 형태로 네모반듯하게 만드는 것이 그리 특이한 일은 아니다. 하지만 수백 년 전에 이미 그렇게 도시를 건설한 곳이 있다. 단지 네모반듯하게 나누는 것으로도 모자라 나눈 각각의 구역을 'A1, A2, A3, B1, B2, B3' 같은 방식으로 주소까지 지정하였다. 이 도시에서는 '무슨 거리 몇 번지'라는 주소를 사용하지 않는다. 너무도 편하게 'A1 5'라는 식으로 표기한다. 카를 벤츠Carl Benz가 전 세계에서 최초로 가솔린 자동차를 만들기도 했던 공업도시, 여기는 바로 만하임이다.

만하임을 처음 찾았던 날은 만하임에서 기차 환승 도중 잠깐 시간이 남아 시내를 둘러보았던 것이었다. 지도도 없고 아무런 배경정보도 없이 시내로 나갔다. 독일 여행은 참 쉽다. 어디로 가야 할지 모르면 구시가지

1 출입구 위 조각으로 용도를 알 수 있는 구 시청사
2 대학교로 사용되는 만하임 궁전

로 가면 된다. 심지어 대도시라 해도 구시가지에 많은 관광지가 모여 있기 때문이다.

만하임에 내려서 구시가지를 찾았다. 그런데 예상 밖으로 구시가지를 찾는 일이 쉽지 않았다. 지나가는 시민에게 "구시가지가 어디냐"고 물었더니, 중년의 여성은 짐짓 진지하게 내 예상을 완전히 뒤엎는 대답을 해주었다.

"여기는 구시가지가 없어."

구시가지가 멀다는 것도 아니고, 구시가지에 볼 만한 것이 없다는 것도 아니고, 만하임에는 구시가지가 없다고 그녀는 잘라 말했다. 독일에서 이런 도시는 처음 봤다. 결국 어쩔 수 없이 후퇴. 그것이 '계획도시' 만하임과의 첫 만남이었다.

만하임을 다시 찾은 것은 그 후로부터 2년 뒤다. 이번에는 만반의 준비를 갖추고 만하임 중앙역에 내렸다. 관광안내소에서 지도도 구했다. 약간의 배경정보와 지도가 있으니 세상에! 이렇게 길 찾기 쉬운 도시가 없다.

금세 도시의 상징과도 같은 급수탑Wasserturm에 도착했다. 60m 높이의 균형 잡힌 높은 탑은 도시에 식수를 공급하기 위해 만들어졌다. 단지 탑만 만들고 끝난 것이 아니다. 급수탑 주위에 펼쳐진 넓은 공원은 그야말로 바라보기만 해도 시원하다. 계단식 분수와 연못, 넓은 잔디밭, 울창한 나무들, 그리고 아무런 거리낌 없이 물장구를 치고 잔디밭에 드

프리드리히 광장의 연못

프리드리히 광장의 연못에 발 담그고 더위를 피하는 시민들

러눕는 사람들까지, 참으로 고급스러우면서 친근한 느낌이 가득하다.

그동안 독일에서 근사한 정원을 참 많이 보았다. 하지만 대개는 궁전에 딸린 정원이었다. 권력자를 위해 만든 공원은 당연히 호사스러울 수밖에. 그런데 오로지 시민들을 위해 만든 공원이 이다지도 고급스러운 경우는 별로 보지 못했다. 공원의 이름도 따로 없다. 지도에는 그냥 프리드리히 광장Friedrichsplatz이라고 적혀 있었다.

밤이 되면 급수탑과 공원에 조명이 들어온다. 여느 관광도시 부럽지 않은 품격 있는 야경이다. 인적이 뜸해지자 토끼들도 공원에 나와 있다가 인기척을 느끼고는 순식간에 사라져 버렸다. 만하임의 시민들은 밤과 낮을 가리지 않고 이렇게 고급스럽고 깨끗한 공원에서 기분 좋은 휴식을 취하고 있었다.

만하임 시가지 안쪽으로 들어갔다. 바둑판처럼 네모반듯하게 나뉜 시가지는 "여기는 구시가지가 없다"라고 이야기했던 중년 여성의 말처럼 비교적 신식 건물들과 상업지구로 물들어 있다. 역사와 전통이 느껴진다기보다는 그냥 인구 많은 대도시의 중심가라는 생각만 들 뿐이다.

하지만 바둑판의 중심, 그러니까 천원天元에 해당하는 마르크트 광장만큼은 예외다. 꽤 넓은 규모의 광장 중앙에는 만하임의 수호성인을 형상화한 기묘한 분수가 있고, 바로크 양식을 간직한 구 시청사가 있다. 건물 너머로 교회의 첨탑이 보이고, 광장 구석구석에 앉아 망중한을 즐기는 사람들의 모습이 영락없는 구시가지의 모습이다.

1 만하임 도시에 식수를 공급하기 위해 만든 급수탑
2 세계 최초의 가솔린 자동차를 기리는 벤츠 기념비

특히 구 시청사는 대칭형 외관이 매우 특이했다. 더 특이한 것은 이 건물의 절반만 시청사로 사용하고 나머지 절반은 교회로 개조했다는 사실이다. 그래서일까? 중앙의 첨탑을 중심으로 한쪽 입구 위에는 저울을 든 여신의 조각이 있고, 다른 한쪽 입구 위에는 십자가를 든 성인의 조각이 있다. 저울을 든 여신은 공평하게 행정을 처리하겠다는 시청사의 의지, 십자가를 든 성인은 신에게 바치는 교회의 경배일 것이다. 입구 위 작은 조각으로 건물의 성격을 선포하는 센스가 참 귀엽다.

만하임에서 또 빼놓을 수 없는 곳이 만하임 궁전Schloss Mannheim이다. 거대한 바로크 양식의 궁전은 주변 일대에서 강력한 권력을 뽐냈던 영주 카를 테오도르Karl Theodor와 그의 부친에 의해 만들어졌다.

멀리서 볼 때 압도적인 권위가 느껴지던 만하임 궁전은 가까이 갈수록 분위기가 달라진다. 권력자의 힘을 과시하는 잘 정돈된 궁전이 아니라 젊은이들이 수다를 떨고 분주히 오가는 학교의 모습이 물씬 풍긴다. 아니나 다를까. 만하임 궁전의 일부는 오늘날 만하임 대학교Universität Mannheim 건물로 사용 중이다. 박물관으로 공개된 일부를 제외한 나머지 구역을 대학생들이 점령하고 있다.

잠깐 학교 안에 들어가 보았다. 겉으로 보기에는 옛 궁전이지만 내부는 완전히 현대식이다. 대자보가 어지럽게 붙어 있고, 무슨 뜻인지 알기도 어려운 온갖 독일어 커리큘럼 용어가 가득한 평범한 대학교다. 만하임 궁전은 문자 그대로 '학생들을 위한 궁전'이 되었다.

만하임을 관광도시라 하기는 어렵다. 애초부터 공업도시로 계획되었고, 역사도 길지 않다. 하지만 바둑판 모양의 계획도시로 깨끗하게 정리된 시가지는 그 자체로 품위가 느껴진다. 도시의 삭막함을 씻겨주는 넓은 공원과 광장이 있어 체크무늬 양복을 갖춰 입은 멋쟁이 신사 같은 세련된 매력이 가득하다. 독일의 또 다른 단면을 보여주는 도시로 오래도록 기억에 남을 것 같다.

산 하나를 통째로 정원으로 만든

어느 권력자의 비범한 발상.

덕분에 이곳은 세계적으로 유례를 찾기 어려운

독특한 산상공원의 매력이 펼쳐진다.

헤라클레스가
지켜보고 있다!

권력자가 궁전을 가꾸는 방법은 다양하지만, 십중팔구 그들의 목적은 '권력의 과시'였을 것이다. 중세의 궁전에는 성서에 나오는 성자 또는 신화에 나오는 영웅들이 궁전을 장식하고 있는 모습을 쉽게 찾아볼 수 있는데, 이는 권력자가 성자나 영웅의 권위를 빌려 자신의 권위를 과시하려고 했던 것이다. 그런 면에서는 비슷한, 그러나 다른 면에서는 참 별난 궁전이 카셀에 있다. 바로 헤센-카셀 공국의 방백 빌헬름 1세가 만든 빌헬름스회에 궁전Schloss Wilhelmshöhe이다.

빌헬름스회에 궁전 앞에 서면 정면으로 푸른 산이 솟아 있다. 그런데 이 울창한 산은 마치 스키장이나 골프장처럼 산꼭대기부터 궁전 앞까지 나무 한 그루 없이 경사진 풀밭이 펼쳐져 있다. 그렇게 시원하게 시야가 탁 트였는데, 산 정상에는 또 다른 무언가가 눈에 들어온다. 바로 헤라클레스의 신전이다. 빌헬름스회에 궁전을 만든 권력자는 자신의 권력을 과시하기 위해 '최고의 영웅' 헤라클레스의 권위를 빌렸다. 산 정상에 우뚝 선 헤라클레스, 그가 산 아래의 궁전을 지켜보고 있다. 아니, 그 너머로 끝없이 펼쳐진 도시, 카셀을 지켜보고 있다!

만약 이야기가 여기서 끝났다면 빌헬름스회에 궁전이 그렇게 별나다고 하기는 힘들다. 신화의 영웅은 궁전 어디서나 볼 수 있으니까. 빌헬름스회에 궁전의 유별남을 느끼려면 헤라클레스가 서 있는 산 전체를 보아야 한다. 정상의 헤라클레스 동상을 시작으로 궁전에 이르기까지 산 곳곳에 장식된 수준 높은 장식들을 보아야 한다.

궁전 앞에 펼쳐진 산 전체를 빌헬름스회에 산상공원Bergpark Wilhelmshöhe 이라 부른다. 산상공원, 즉 '산에 있는 공원'이라는 것은 얼핏 보았을 때 별것 아닌 것 같지만 실은 그렇게 쉬운 접근은 아니다. 공원을 만든다는 것은 인공적인 손길이 가미된다는 것이고, 그렇다면 산을 깎고 다듬어 자연을 훼손할 수밖에 없다는 뜻이다. 평지에 인공적으로 조성한 공원은 그렇다 치지만 산 위에 공원을 만들려면 필연적으로 자연이 훼손될 수밖에 없다.

빌헬름스회에 산상공원도 엄밀히 말하면 자연을 훼손한 현장일지 모른다. 휴양지의 리조트처럼 산을 가꾸고 다듬어 놓았다면 당연히 자연 그대로의 모습이 남을 수는 없다. 그러나 빌헬름 1세는 이 대형 프로젝트를 직접 지휘하면서 인공 구조물이 자연과 서로 벗할 수 있는 최적의 조합을

산 정상에 만든 빌헬름스회에 산상공원과 헤라클레스 동상

찾아냈다. 바위를 다듬어 만든 인공 구조물은 자연 속에 이질감 없이 어우러진다. 인공 연못은 원래 거기 있었던 것처럼 보일 정도로 자연스럽다. 그렇게 이곳은 산상공원의 모범을 선보였고, 그 가치를 인정받아 유네스코 세계문화유산으로 등록되는 영광도 안았다.

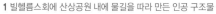

1 빌헬름스회에 산상공원 내에 물길을 따라 만든 인공 구조물
2 웅장한 기둥이 서 있는 빌헬름스회에 궁전
3 빌헬름스회에 궁전에서 바라본 산상공원. 스키장 슬로프처럼
숲을 베어 산상공원까지 전망이 트이게 했다

3

빌헬름스회에 산상공원 중턱에서 바라다본 빌헬름스회에 궁전과 카셀 시가지

　　빌헬름스회에 산상공원의 화룡점정은 '물의 쇼Wasserspiele'가 시작되면
알 수 있다. 헤라클레스 동상에서부터 물이 흘러내리기 시작하면 인공폭
포와 수로를 타고 산 아래 연못까지 내려온다. 그런데 일직선으로 흐르
는 것이 아니라 산자락에 지그재그로 만들어진 물길을 따라 내려오게 된
다. 산상공원에 설치된 인공 구조물은 모두 이 물길의 일부에 해당한다.
물이 그냥 흐르는 것은 특색도 없고 재미도 없다. 그래서 흐르는 물이 어우러질 수 있도록 특이한 구조물을 곳곳에 만들어 자연 속에 어우러지게 한 것이다.

안타깝게도 내가 방문했을 때 '물의 쇼'는 펼쳐지지 않았다. 여름 시즌 매주 두 차례만 진행되는데 그 시간을 맞추지 못한 탓이다. 하지만 물이 흐르지 않는 구조물들만으로도 물길을 육안으로 확인하기에 부족함이 없다. 그 물길이 미관을 해치지 않으면서 자연 속에 어우러져 산상공원의 일부가 되는 모습을 상상으로 그려보기에 충분했다.

빌헬름스회에 산상공원 한쪽에 자리 잡은 또 하나의 보너스, 뢰벤성 Löwenburg이 있다. 이 성은 빌헬름 1세가 자신의 장지葬地로 사용하려고 만들었다. 직접 거주하기 위한 목적이 아니었으므로 성을 크게 지을 필요가 없었다. 그런 이유일까. 분명히 성이 생긴 모습은 매우 큰 고성인 것 같은데 실제 크기는 아담하다. 그 모습이 마치 '미니어처 성'처럼 느껴질 정도다.

뢰벤성은 미니어처 같은 작은 규모이지만 갖출 건 다 갖췄다. 성의 뒤편에는 작은 정원도 있다. 잘 가꿔진 관목들이 미로처럼 줄지어 있고, 그 중앙에는 자그마한 연못이 소박하게 물줄기를 뿜고 있다. 장난감 성에 들어온 듯 비현실적인 풍경을 뒤로하며 매력적인 산상공원의 관람 아니 산행을 마무리한다.

그날 비가 많이 내렸다.

여행하기에 좋지 않은 날이었지만,

이곳의 느릿느릿한 리듬과 경사진 구시가지는

쏟아지는 빗줄기에도 아랑곳하지 않고

강한 인상을 주었다.

세상 어디에도 없는
언덕 위 동화마을

이것도 운명이라면 운명일까? 독일 여행 준비를 하면서 수많은 도시를 검색하고 여행 정보를 열심히 긁어모았다. 우리나라에서 독일 소도시의 여행 정보를 구하는 것은 쉽지 않다. 해외 사이트까지 뒤져가며 열심히 정리한 여행 정보에 마르부르크는 없었다. 가이드북에 한 꼭지 정도 소개되는 평범한 도시에 불과했다.

그런 마르부르크를 알게 된 것은 참으로 우연이었다. 독일에 길게 머물던 시절 출석하던 한인교회 목사님이 마르부르크에서 신학을 공부했다며 교회 소식지에 마르부르크를 짧게 소개해 준 것이다. 소식지에 실린 마르부르크 소개는 고작 세 줄 정도 되었을까? 하지만 그 찰나의 순간을 대충 흘려보내지 않은 것은 천만다행이었다. 아무런 정보 없이 '추천사'만 믿고 무작정 떠난 마르부르크 여행. 그곳에는 독일 전체를 통틀어도 열 손가락 내에 꼽을만한 매력적인 구시가지가 있었다.

시청사가 있는 마르크트 광장. 마르부르크는 마을 전체가
동화 속 마을을 그대로 재현한 모습이다

산 정상에 자리한 란트그라프성

구시가지를 독일어로 알트슈타트Altstadt(영어로 Old town)라 적는다. 그런데 마르부르크는 알트슈타트가 아니라 오버슈타트Oberstadt(영어로 Over town)라고 적는다. 직역하자면 '높은 시가지'라는 뜻. 산으로 올라가는 언덕에 구시가시가 형성되어 시내보다 높은 곳에 위치해 그런 애칭이 붙었다.

산 정상에는 란트그라프성Landgrafenschloss이 있다. 그러니까 산 아래부터 구시가지를 지나 천천히 언덕을 오르면 마지막에는 탁 트인 전망의 성에 도착하게 된다. 다시 내려오는 길에는 덤불이 가득한 돌담길을 따라 내려올 수 있다. 고즈넉한 여행 겸 산책 코스로 그만이다.

란트그라프성까지 오르는 길은 약간의 체력을 요구하지만 그리 어렵지는 않다. 마침 가을의 정취를 온몸으로 역설하는 울긋불긋한 단풍이 산책로를 뒤덮어 눈이 즐겁다. 그리고 성에서 내려다보니 오버슈타트라는 애칭이 실감이 난다. 별로 올라온 것 같지도 않은데 검고 붉은 지붕의 주택들이 꽤 멀찌감치 발아래로 보인다.

독일의 구시가지는 대개 목조 주택으로 지어져 건물들이 반듯하지 않다. 건물도 거리도 약간 삐뚤삐뚤하다. 그래서 더욱 눈 둘 곳이 많고 거리가 아기자기한 느낌이 드는지도 모른다. 오버슈타트는 이러한 언밸런스에 한술 더 떠서 지면까지 울퉁불퉁하고 경사가 있다. 언밸런스에 언밸런스를 더하여 구시가지의 매력이 극대화된다.

시청사가 있는 마르크트 광장은 그 백미. 광장 자체가 경사진 곳에 형성되어 있다. 그래서 시청에서 광장을 바라보면 점점 높아지고 좁아지는 거리의 양편에 줄지어 있는 옛 건물들의 모습이 매우 아름답다. 광장 반대편에서 시청을 바라보면 시야보다 낮은 곳에 시청이 있어 왠지 작아 보이는 착시현상이 있어 아기자기한 매력을 극대화한다.

마르부르크에 방문한 날은 하루 종일 비가 내렸다. 독일에서 비를 만나는 것은 일상이지만 그래도 대개 비가 내리다 멈추기를 반복하는 편인데, 이날만큼은 잠시도 쉬지 않고 굵은 빗방울이 떨어졌다.

여행 중 비를 반가워할 사람은 아무도 없을 것이다. 나도 물론 그렇다. 하지만 마르부르크에서만큼은 비가 내려도 썩 나쁘지 않았다. 아니, 오히려 단풍이 내려앉은 구시가지가 훨씬 정겹고 분위기 있게 느껴졌다. 오버슈타트의 경사 덕분에 빗물이 고이지 않고, 대신 울퉁불퉁한 돌바닥이 빗물에 젖어 반질반질해져 더 아름답게 느껴진 것일는지 모른다.

잠깐 비를 피하려고 마르크트 광장 근처 카페에 들어갔지만, 비는 멈출 기미가 보이지 않았다. 다시 밖으로 나왔을 때 광장에 앉아 우산을 쓰고 녹서 숭인 현시인을 보았다. 책이 빗물에 젖어도 괜찮다는 듯 독서에 몰입한 그를 보면서 소도시 특유의 느릿느릿한 리듬이 느껴져 반가웠다.

그럼에도 불구하고, 물에 젖어서 좋을 것이 없는 카메라를 들고 마음 편하게 다니기 힘든 것은 어쩔 수 없는 노릇. 차라리 카메라를 두고 왔다면 더 좋았겠다. 그냥 산책하듯 눈만 호강시켜 줄 것을 그랬다. 비 내리는 오버슈타트에서는 카메라가 유일한 짐이었다.

경사로를 따라 늘어선 마르크트 광장의 옛 건물들. 비에 촉촉히 젖어 한껏 차분한 모습이다

트리어
Trier

유럽의 뿌리는 고대 로마제국에 있다.

로마인의 주 무대였던 지중해 연안에

그 흔적이 가장 많이 남아 있지만,

알프스 이북에서도 발견할 수 있다.

로마의 향기가 진하게 배어 있는 트리어처럼.

여기에
로마가 있다!

독일에도 고대 로마제국의 흔적이 남은 도시가 여럿 있다. 그중에서도 트리어는 다른 도시와 비교해도 '클래스가 다른' 로마의 흔적을 발견할 수 있는 곳이다. 로마제국이 융성하던 시절, 알프스 이북에서 사실상의 '제2의 수도'나 마찬가지로 크게 발전했던 곳이 바로 트리어다. 그 역사에 어울리는 트리어의 로마 유적은 독일 그 어느 도시보다 다양하고 방대하다.

트리어 기차역에서 나와 가로수 길을 지나 조금 걸으면 멀리서도 눈에 확 띄는 육중한 성문을 볼 수 있다. 로마가 만든 거대한 성벽의 출입문이다. 포르타 니그라Porta Nigra, 라틴어로 '검은 문'이라는 뜻이다. 검은 돌이 육중하게, 그러나 견고하게 쌓여 있는 것을 보니 그 이름이 과연 어울린다.

이 정도까지 온전하게 남아 있는 로마제국의 방어시설을 독일의 다른

1 로마의 목욕탕 카이저테르멘
2 로마 시대 만들어진 뢰머 다리

곳에서는 찾아보기 힘들다. 아니, 전 유럽을 통틀어도 몇 없을 것이다. 로마의 건축은 단지 외관의 미적 가치만으로 따질 수 없다. 그 오랜 옛날에 일찌감치 과학과 공학에 통달하지 않고는 만들 수 없는 실용성과 창의성의 집결체이기 때문이다. 포르타 니그라의 견고한 모습을 보고 있자니 로마인들의 명성이 괴언 헛되지 않았다는 생각이 든다. 그 옛날 이 정도로 견고한 성문을 보고 나면 분명 적군은 쉽사리 침략할 마음을 먹을 수 없었으리라.

로마인의 비범한 공학적 재능이 남은 또 하나의 명소가 있다. 트리어를 가로지르는 모젤강을 건너는 큰 석조 다리가 그 주인공이다. 오늘날 독일에서 가장 오래된 석조 다리로는 레겐스부르크의 슈타이네른 다리를 꼽고 있는데, 사실 슈타이네른 다리보다 무려 1,000년 먼저 지어진 석조 다리가 있으니, 그것이 바로 트리어의 뢰머 다리Römerbrücke다.

그런데 왜 뢰머 다리는 '가장 오래된 다리'라는 타이틀을 놓쳤을까? 그것은 건설 이후 12세기와 18세기, 두 번에 걸쳐 다리 상판을 교체했기 때문이다. 그래서 건설 이후 특정 부위의 교체 없이 개보수만 했던 슈타이네른 다리가 가장 오래된 다리의 타이틀을 가져갔다. 비록 가장 오래된 다리라는 타이틀은 놓쳤지만, 물살이 센 강에 돌로 교각을 세우는 것이 가장 난이도가 높다는 점을 감안하면 슈타이네른 다리보다 1,000년 먼저 놓인 뢰머 다리의 역사적 가치는 실로 엄청나다.

트리어 구시가지에 있는 또 다른 로마의 작품으로 4세기경 콘스탄티누스 황제가 만든 거대한 콘스탄틴 바실리카Konstantinbasilika가 있다. 방으로 나뉘지 않은 단일 건물로는 오늘날까지 남아 있는 로마의 건물 중 가장 규모가 크다고 한다.

콘스탄틴 바실리카는 이후 신성로마제국 시절에 많은 변화가 있었다. 트리어의 대주교가 머무는 관저로 사용되기도 했고, 이후 바실리카 바로 옆에 대주교의 거처인 선제후의 궁전Kurfürstliches Palais이 만들어지면서 바실리카는 도시 회관 정도로 사용되었다. 이후 프로이센에서 다시 로마 시대의 스타일로 건물의 외관을 바꾸면서, 적어도 로마 시대의 겉모습은 되찾을 수 있었다고 한다.

콘스탄틴 바실리카는 근현대에 복원한 관계로 로마제국의 세월이 느껴지지는 않으나 웅장한 내부만큼은 강렬한 카리스마를 뿜어낸다. 물론 내부 인테리어도 복원 과정에서 많이 바뀌었다. 그렇다 하더라도 그 옛날 이런 커다란 건물을 아무렇지도 않게 만들 정도로 대단했던 고대 로마의 저력이 다시금 감탄스럽다. 다시 돌아보니, 선제후 궁전보다도 콘스탄틴 바실리카가 더 크다. 신성로마제국에서 가장 강한 권력을 가진 대주교의 궁전도 바실리카보다 크게 짓지는 못했다.

트리어는 내가 독일에서 뒤늦게 찾았던 로마의 도시였다. 쾰른, 레겐스부르크, 마인츠 등 로마의 흔적이 남았다고 하는 고도古都를 먼저 보았다. 그래서 트리어도 이들과 비슷하겠지, 하는 일종의 선입견이 있었다. 하지

1 콘스탄티누스 황제가 만든 콘스탄틴 바실리카
2 로마 시대 만든 성문 포르나 니그라

만 트리어는 달랐다. 달라도 너무 달랐다. 가장 큰 차이는, 이곳에서는 로마인들의 생활의 흔적이 보였다는 점이다. 세월의 흔적이 묻은 망가진 폐허더미만 남은 것이 아니라, 실제로 사람이 생활하고 거주하며 유희를 즐긴 일상의 흔적들까지 남아 있다는 것이다.

그 대표적인 것이 원형 극장과 공중목욕탕이다. 로마인들의 가장 중요한 오락이었던 검투사들의 쇼가 열린 원형 극장은 현대인들의 축구장이나 콘서트홀과 같다. 로마인들이 일과를 끝낸 뒤 서로 담소를 나누며 피로를 풀었던 공중목욕탕은 현대인들의 호프집과 같다. 트리어에는 이런 일상의 흔적들까지 남아 있어 그 옛날 로마인들의 활기찬 삶의 체취를 느낄 수 있고, 오랜 세월 동안 닳아 없어진 폐허를 가지고 추억하는 것보다 훨씬 생생한 로마를 느낄 수 있는 것이다.

뢰머 다리 주변 모젤강 풍경. 강변을 따라 걷고 싶고, 산책하고 싶은 마음이 절로 인다

구시가지 바로 외곽의 야트막한 언덕에 만들어진 원형 극장Amphitheater
은 무려 2만여 명을 수용할 수 있는 규모였다고 한다. 그 근처에 있는 공
중목욕탕 카이저 테르멘Kaiserthermen은 거대한 아치형 건물이 남아 있어 당
시의 규모를 짐작게 한다. 특히 카이저 테르멘은 상수도를 이용해 물을
끌어와 가열하여 목욕수를 만들어 공급했던 로마인들의 지혜를 오늘날에
도 확인할 수 있는 특별한 공간이기도 하다.

왜 사람들이 트리어를 가리켜 '로마의 도시'라고 하는지, 왜 쾰른 등 독
일의 다른 도시와는 차원이 다르다고 하는지, 한 바퀴만 돌아보아도 누구
나 확실하게 느낄 수 있을 것이다. 트리어는 '작은 로마'다. 로마인의 비범
한 지혜와 막강한 권력이 이천여 년이 지난 지금까지도 쇠하지 않고 살아
있는, 트리어는 작은 로마다.
여기에 로마인의 지혜가 있다. 여기에 로마가 있다.!

에센
Essen

오십여 년 전 외화벌이에 나선 광부들이 있었다.
독일의 탄광에서 청춘을 바친 그들의 땀이 있어
대한민국은 고단한 현대사를 건너 지금에 이르렀다.
파독 광부들이 일하던 탄광은 지금
세상에서 가장 창조적인 디자인 박물관이 됐다.
반짝이는 아이디어로 무장한 전시물이
초롱초롱한 눈망울을 가진
그 시절의 젊은 광부들처럼 빛난다.

세상의 모든 아이디어가
한자리에

레드닷 디자인 어워드Red Dot Design Award는 알 만한 사람은 다 아는
세계 최고 권위의 디자인 축제다. 전 세계에서 출품된 수많은 디자인 중
그해 가장 창의적이고 혁신적인 디자인을 선정하여 시상한다. 이 어워드
는 출품을 위해 일부러 만든 디자인이 아니라 실제 상용화된 제품의 디
자인을 두고 심사한다.

독일의 공업도시 에센에는 레드닷에서 직접 만든 박물관이 있어 매년
레드닷 디자인 어워드에서 수상한 제품들을 전시한다. 우리가 지금 직접
사용하는 제품 중 가장 혁신적인 디자인으로 꼽힌 제품들이 이 한 곳에
모여 있다. 한마디로, 세상의 모든 아이디어를 만날 수 있는 곳이다.

레드닷 디자인 박물관Red Dot Design Museum은 에센 시 외곽의 촐페라
인 광산지대Zeche Zollverein에 있다. 촐페라인은 오랫동안 가동된 에센의

1 레드닷 디자인 박물관 내부
2 최신 수상작 중 일부를 구분한 특별 전시관
3 디자인에 영감을 준 클래식 오브제
4 레드닷 디자인 박물관으로 사용되는 옛 탄광 보일러실

광산지대다. 수십여 년 전 우리나라에서 독일로 광부를 수출하던 시절 가난한 노동자들이 외화를 벌겠다는 일념으로 피땀을 흘린 바로 그 현장이기도 하다.

촐페라인 광산은 1986년 문을 닫았다. 에센 시는 이 폐광을 그냥 놔두지 않고 복합 문화단지로 개조했다. 광산의 뼈대는 그대로 있지만, 내부 공간은 박물관과 휴식 공간으로 변모시켰다. 그 노력을 인정받아 유네스코 세계문화유산으로 등록된 역사적인 현장의 한 모서리에 레드닷 디자인 박물관이 있다.

레드닷이 심사하는 디자인 분야는 한계가 없다. 자동차부터 가전제품, 가구, 생활용품, 악기, 의류, 심지어 휴대폰 케이스까지, 모든 분야에 걸쳐 최고의 산업 디자인을 선정한다. 수상작은 디자이너와 출품자 또는 회사의 이름이 함께 공개된다. 워낙 많은 제품이 전시되어 있어 일일이 다 읽어보기는 어렵다. 대충 훑어봐도 유럽의 디자인, 특히 독일의 디자인이 주를 이룬다. 개중에는 한국 이름도 드문드문 보인다. 실제로 우리가 흔하게 사용하고 주변에서 쉽게 보는 것들이기에 이런 공간에서 수상작으로 다시 만나는 기분은 남다를 수밖에 없다. 특히 백색가전 분야에서 국내 업체의 선전이 유독 눈부시다.

레드닷 디자인 박물관은 일부러 박물관을 염두에 두고 지은 건물이 아니다. 원래 광산이었던 곳, 정확히 말하면 광산의 보일러실이었던 건물이다. 미적 가치를 고려하지 않고 철골 구조물과 배관이 어지럽게 널려 있으니 일반적인 상식으로는 도저히 박물관이 될 수 없는 장소라고 해도 과언이 아니다. 그래서 더욱 이 박물관이 놀랍다. 어지러운 장소를 기가 막히게 활용하여 박물관으로 재탄생시킨 공간 활용의 예술이 가히 박물관 수준이기 때문이다. 즉, 박물관이 곧 박물관인 셈이다.

레드닷 디자인 박물관에서는 전시 공간 상하좌우를 충분히 살펴봐야 한다. 어느 공간에 어떤 모습으로 전시품이 자리 잡고 있을지 알 수 없기 때문이다. 또한 전시품이 보이더라도 그 설명은 다른 곳에 붙어 있을 수 있어 역시 상하좌우를 충분히 둘러보아야 한다. 아무리 대충 훑어보려 해도 일반적인 박물관보다 더 많은 정성을 요구하는 구조인데, 그것이 밉지가 않고 오히려 감탄스럽다.

레드닷 디자인 어워드는 매년 개최된다. 박물관에 전시되는 수상작도 매년 교체된다. 아마 전시 품목이 바뀌는 것에 따라 박물관 내부를 활용하는 공간 예술 또한 매번 새로워질 수밖에 없을 것이다. 좋은 디자인을 만들기 위해 머리를 쥐어짜는 사람들만큼이나 새로운 공간 활용을 위해 머리를 쥐어짜는 사람들이 여기에 있다.

전 세계의 수많은 박물관 중에서 매년 전시 품목 전체를 교체하면서 박물관 자체가 변신하고 진화하는 경우가 과연 얼마나 될까? 그야말로 일신우일신日新又日新! 세상의 모든 아이디어가 항상 진화하는 것에 발맞추어 함께 진화하는 특별한 박물관의 매력에 늘 새로운 걸 기대하게 된다.

독일의 도시를 여행할 때 가장 눈에 띄는 것은
하늘을 찌를 듯 높이 솟은 교회나 성당의 첨탑이다.
그중에서도 최고봉은 쾰른 대성당의 첨탑이다.
하늘과 좀 더 가까워지려는 간절한 열망과 함께
게르만 민족의 종교에 대한 순수성이 첨탑에 담겼다.

여전히 순수한
세기의 걸작

하늘을 찌를 듯이 솟은 쾰른 대성당의 첨탑. 세계에서 세 번째로 높은 성당이다

신성로마제국은 교황과 주교의 힘이 앞서는 제국이었다. 제국의 황제는 선제후가 선출하는 얼굴마담에 불과했다. 신성로마제국에서 가장 큰 권력을 가진 이들은 대주교였고, 대주교의 관할에 있는 주교들도 강력한 권력을 떨쳤다. 즉, 신성로마제국은 꽤 오랜 세월 동안 사실상 종교 국가였다.

신성로마제국이 융성했던 독일은 그렇기 때문에 기독교와 떼려야 뗄 수 없는 문화를 가지고 있다. 역사적으로 불교 문화권인 대한민국을 여행하면서 유서 깊은 천년고찰을 가지 않는 것이 이상한 것처럼, 기독교 문화권인 독일을 여행하면서 교회를 가지 않는 것도 이상한 일이다. 독일의 교회는 저마다 수백 년 이상의 역사를 간직하고 있다. 교회 건물 자체만으로도 역사적 가치가 엄청나지만, 교회라는 문화 자체가 독일의 정신적 토양이므로 이를 보지 않고는 독일을 이해할 수 없다.

오늘날 유럽의 많은 교회들은 신도 수가 줄어들면서 더 이상 종교의 순수성을 유지하지 못하는 경우가 많다. 심지어 교회에 입장하는데 돈을 내라고 하는 곳이 부지기수다. 성서 속 예수 그리스도는 '성전은 장사하는 곳이 아니'라고 했거늘 오늘날 유구한 역사를 자랑하는 유럽의 교회들은 입장료를 받으며 장사를 하고 있다.

하지만 독일은 다르다. 물론 독일에서도 입장료를 받는 교회가 더러 있다. 그러나 대부분 교회는 입장료를 받지 않는다. 교회에서 따로 차린 박물관이나 전망대를 유료로 개방하는 경우는 종종 있으나 적어도 예배당을 유료로 개방하는 경우는 드물다. 관광지이기 이전에 교회이기 때문에 그 종교적 순수성을 여전히 잃지 않고 있는 것이다.

쾰른의 자랑인 쾰른 대성당Kölner Dom이 그것을 뒷받침해 준다. 유네스코 세계문화유산으로 등록된 쾰른 대성당은 공사만 600년이 걸린 세계에서 세 번째로 큰 고딕 성당이다. 아기 예수를 영접했던 동방박사 3인의 유골함이 보관되어 있으며, 엄청난 가치의 조각과 예술품, 스테인드글라스를 보유하고 있는 세기의 걸작이다. 그러나 이 세계적인 관광지에 들어갈 때 단 1센트도 낼 필요가 없다. 여전히 독일인의 신앙이 깃든 종교시설이기 때문이다.

대신 쾰른 대성당은 방문객에게 엄숙한 분위기를 요구한다. 내가 예배당 내부에 입장할 때 유니폼을 입은 직원이 모자를 벗으라고 요구했다. 사실 교회에 입장할 때 모자를 벗는 것이 예의라는 것을 잘 알고 있었다. 하지만 땀을 흠뻑 흘리며 돌아다니고 잘 씻을 틈도 없는 여행자로서 그나마 다른 사람을 '배려'하는 도구가 모자라는 생각에 부득이한 경우 모자를 쓰고 입장할 때도 있었다. 그런데 쾰른 대성당에서는 조금의 예외도 없었다. 결국 나는 모자를 벗고 폐를 끼치는 몰골로 들어가야 했다. 관광지가 아니라 종교적 장소이기에 입장료를 받지 않지만, 그렇기 때문에 엄숙한 예의를 지켜야 하는 것이다.

쾰른 대성당의 주변은 늘 사람들로 가득하다. 쾰른 중앙역 바로 앞에 있어 유동 인구도 많다. 행위 예술인이나 거리의 악사들도 북적거리고,

1

1 라인강 건너편에 있는 전망대에서 바라본 쾰른 대성당
2 쾰른 대성당과 호엔촐레른 다리의 야경

1 쾰른 대성당 내부 2 쾰른 대성당의 아름다운 스테인드글라스

이들을 구경하는 사람들의 호기심 어린 눈빛이 늘 거리를 뒤덮는다.

　이 많은 사람의 호기심 어린 눈빛이 향하는 궁극적인 장소는 결국 쾰른 대성당이다. 157m 높이까지 까마득하게 솟아오른 고딕 건축의 최고봉을 바라보는 당연한 시선이다. 하지만 쾰른 대성당은 유명 관광지를 바라보는 호기심 어린 시선을 외면하고 당당하게 엄숙한 자태를 뿜어낸다. 일체의 인위적인 화려함을 배제한 채 신을 향한 경배로 만들어진 세기의 걸작은 오히려 사람들의 시선을 압도하는 경외감마저 느껴진다.

　장엄한 내부 역시 마찬가지. 너무도 정교한 조각과 제단, 마치 거장의 회화를 보는 것 같은 스테인드글라스 등은 그 자체로 박물관에서나 볼 수 있을 수준 높은 예술품이다. 이러한 예술품들은 사람에게 보여주기 위해 전시된 것이 아니다. 원래 있어야 할 자리에 그대로 있을 뿐이다. 높이 치솟은 성당 내부의 카리스마가 호기심 어린 시선을 잠재우고, 이내 절로 숙연하게 만든다.

압도적 규모와 예술품으로 채워진 쾰른 대성당에 비하면 보물관과 전망대는 그저 '덤'일는지 모른다. 보물관은 수백 년 동안 쾰른 대성당에서 생산 및 수집하거나 기부받은 보물들을 전시하는 곳이다. 전망대는 157m 높이의 탑에 올라 쾰른 시내와 라인강을 한눈에 조망할 수 있는 곳이다. 보물관의 특별한 전시물과 전망대의 탁월한 조망은 그 자체로 매력적인 관광 상품처럼 보일지 모르지만, 그것이 아니더라도 쾰른 대성당 그 자체가 드러내는 압도적인 카리스마를 느끼기에 무리는 없다. 독일에서 교회가 차지하는 비중과 순수성을 체험하고 독일의 문화적 토양을 이해하는 데에는 대성당의 밖과 안을 천천히 둘러보며 그 분위기를 두 눈에 담는 것만으로 충분하다.

쾰른 대성당이 주는 선물은 또 있다. 대성당의 야경이다. 해가 지기를 기다려 밖이 컴컴해진 뒤 호엔촐레른 다리Hohenzollernbrücke를 건너 라인강의 반대편으로 향했다. 흰 조명을 비춘 대성당, 그리고 노란 조명을 밝힌 호엔촐레른 다리가 겹쳐졌다. 독일을 대표하는 밤 풍경으로 늘 첫손에 꼽히는 대성당과 다리의 야경이 탄성을 자아내게 했다. 강바람과 밤공기가 만나 은근히 쌀쌀했지만, 이 '밤의 선물'을 놓치지 않기 위해 분주히 셔터를 눌렀다. 강바람을 맞으며 조깅이나 산책을 즐기는 현지인도 종종 지나갔다. 대성당을 바라보는 내 호기심 어린 눈빛과, 그런 나를 바라보는 현지인의 호기심 어린 눈빛이 어두운 밤하늘에 교차했다.

프랑크푸르트
Frankfurt am Main

이름도 낯익은 유럽의 관문 프랑크푸르트.

독일의 대표 도시지만 잘 보존된 구시가지만큼은

소도시 풍경이라 해도 어색하지 않다.

현대적인 마천루와 역사 속 건물이

신구 조화를 이루며 자연스럽게 어울렸다.

독일이 처음이라면 이 거리 산책부터 시작하자.

옛것을 품은
새것

아마도 독일에서 가장 많은 한국 여행자가 방문하는 도시가 프랑크푸르트일 것이다. 프랑크푸르트는 독일 국적 항공사 루프트한자의 허브 공항이자 수많은 비행편이 드나드는 '유럽의 관문'이다. 우리나라 국적기가 독일 직항 노선을 운행하는 유일한 도시이기도 하다. 따라서 여행의 최종 목적지가 프랑크푸르트가 아니어도 프랑크푸르트를 밟을 일이 많을 수밖에 없다.

항공편 경유를 위해 프랑크푸르트를 온 김에 시내 관광에 나서는 것은 자연스런 일이다. 그런데 어떤 이들은 프랑크푸르트에 실망한다. 볼 것이 없다고 이야기한다. 그것이 독일의 이미지가 되어 '독일은 볼 것이 없다'는 식으로까지 회자되기도 한다. 이대로라면 프랑크푸르트는 참으로 잘못된 '독일의 관문'이다. 자국에 대한 그릇된 이미지를 심어주었으니 말이다.

신성로마제국의 황제를 선출했던 '카이저 돔' 프랑크푸르트 대성당

프랑크푸르트 대성당 내부

그러나, 그렇지 않다. 나는 프랑크푸르트의 캐릭터를 독일에서 보여줄 수 있는 이상적인 도시의 모습으로 꼽는다. 런던이나 로마 등 유럽의 대도시와는 전혀 다른, 독일만의 색깔이 분명히 묻어 있는 도시이기 때문이다. 독일 안으로 시선을 좁혀도 마찬가지다. 그것은 베를린이나 뮌헨과도 또 다른 일면이다. 그렇다면 프랑크푸르트만의 색깔은 무엇일까?

프랑크푸르트는 현대적인 대도시답게 하늘을 찌르는 마천루가 가득하다. 이런 곳은 프랑크푸르트만의 색깔에서 논외다. 내가 주목하는 것은 구시가지다. 프랑크푸르트가 현대적인 대도시로 변모했지만 원래부터 존재하던 구시가지는 전혀 훼손되지 않았다. 구시가지 교회의 높은 첨탑과 현대적인 고층 건물이 경쟁적으로 하늘을 향해 솟아 있는데, 옛 건물과 새 건물이 만드는 스카이라인은 매우 조화롭고 시원하다. 바로 이 신구의 조화가 프랑크푸르트가 다른 유럽의 도시와 차별되는 독일 도시의 특징을 극단적으로 보여준다.

프랑크푸르트는 역사적으로 신성로마제국에서 매우 중요한 도시였다. 신성로마제국에서 선제후들이 모여 황제를 선출했던 장소가 바로 프랑크푸르트 대성당이다. 그래서 대성당 이름도 다른 도시와는 다르게 카이저 돔Kaiserdom, 즉 '황제의 대성당'이라 부른다.

대성당과 이웃한 시청사도 다른 도시와 다르게 이름을 가지고 있다. 뢰머Römer라는 시청사의 이름은 '로마'를 뜻하는 독일어다. 물론 뢰머가 실제 로마와 연관성이 있는지는 알 수 없다. 다만 카이저 돔에서 새 황제가 선출되면 이웃한 뢰머로 자리를 옮겨 연회를 즐겼다고 하니 신성로마제국에서 중요한 상징성을 갖는 건 분명하다.

독일에서 신성로마제국 해체 후 근대 공화국이 들어서는 과정에서도 프랑크푸르트의 역할은 매우 컸다. 1848년 뢰머 인근 파울 교회Paulskirche에서 제1회 국민의회가 열려 59개 항목의 국민 권리를 채택했다. 이것은 왕이 다스리던 시절 국민 주도로 사실상 민주적인 헌법을 제정한 것이므로 독일에서 민주주의가 시작된 상징적인 장소라고 해도 과언이 아니다.

파울 교회 내부에는 원형의 기둥을 빙 둘러 큰 벽화가 그려져 있는 것을 볼 수 있다. '국민 대표의 행렬Der Zug der Volksvertreter'이라는 제목의 그림으로, 실존했던 국민회의 참석자들을 코믹하게 캐리커처로 그렸다. 또한 파울 교회 내부는 독일의 민주주의 역사에 대한 자료를 전시하는 박물관으로도 사용되고 있다.

이처럼 오랜 역사를 가진 독일의 중요 도시로서 프랑크푸르트가 갖는 존재감은 매우 크다. 독일의 증권거래소Deutsche Börse가 위치한 금융의 중심지, 그래서 유럽연합EU이 출범하면서 유럽중앙은행도 프랑크푸르트에 본부를 두었다. 말하자면, EU의 '경제수도'가 된 셈. 중앙역에서 구시가지로 들어가는 초입는 유럽중앙은행 옛 사옥 유로 타워Euro Tower가 있다. 이곳에는 거대한 유로화 마크가 있어 재복財福을 기원하며 사진 찍는 전 세계 여행자들의 웃음이 끊이지 않는다.

유로 타워 주변에는 고층 건물이 즐비하다. 경쟁적으로 하늘을 찌르는 건물들은 대개 은행이나 보험사 사옥이다. 이 중 독일에서 가장 높은 259m 높이의 코메르츠방크 타워Commerzbank Tower도 있다. 물론 은행의 본사 건물이다. 과연 경제 수도에 걸맞은 위상이다.

프랑크푸르트는 독일의 과거와 현재가 한 공간에 있는 도시다. 따라서 오랜 역사의 단면을 담고 있는 옛 건물과 새롭게 비상하는 독일을 상징하는 건물을 두루 보아야 한다. 명소를 찾아다니는 여행이 아니라 전통과 현대의 조화를 통해 도시 전체의 분위기를 느끼는 여행, 독일만의 특징을 마음 깊이 담아두는 여행을 만들어야 한다.

프랑크푸르트의 신구 조화를 감상할 수 있는 기특한 공간이 있다. 구시가지 상업적 중심지 하우프트바헤 Hauptwache 광장에 있는 카우프호프 백화점Galerie Kaufhof이 그곳이다. 백화점 상층 푸드코트 야외 테라스 공간에 서면 고풍스런 옛 건물과 현대식 고층 빌딩이 어우러진 풍경을 한눈에 볼 수 있다. 내가 처음 이 포토존을 발견했

현대식 건물 사이에 과거의 모습을 온전하게 보존하고 있는 뢰머 광장

1 고층 빌딩이 만드는 프랑크푸르트의 스카이라인
2 독일에서 가장 높은 건물 코메르츠방크 타워

을 때만 해도 자유롭게 드나들 수 있었다. 그러나 풍경에만 관심이 있는 나와 같은 여행자가 너무 많아져 손님에게 방해가 된다고 판단한 것일까? 최근에는 음식을 주문해야만 야외 테이블에 접근할 수 있게 바뀌었다. 한 편으로는 아쉽지만 인간적으로 이해할 수 있는 대목이다.

프랑크푸르트 여행자라면 마인강Main 건너편으로 가보는 것도 좋다. 강 건너편에서 바라보는 고층 건물과 대성당의 스카이라인도 탁월하다. 마인강 건너에는 박물관 지구Museumsufer가 조성되어 특이한 박물관이 줄 지어 있다. 강변 산책로도 잘 정비되어 있어 산책을 하면서 강 건너편 도 심의 스카이라인을 조망할 수 있다. 특히 밤에 보는 마천루의 야경도 인 상적이다.

프랑크푸르트의 스카이라인은 지금도 추가되고 있다. 높은 빌딩의 공 사 현장이 곳곳에 보인다. 그럼에도 불구하고 뢰머와 구시가지는 고요하 다. 마치 새것이 옛것을 품듯, 유럽의 경제 수도는 그렇게 숨 쉬고 있다.

PART
03

독일 동부

아이제나흐
Eisenach

산 위에 멋진 자태를 드러낸 고성이 있다.

천년 세월 동안 독일 건국의 주요한 사건이

이 성을 무대로 벌어졌다.

이 사건들은 독일 민족주의의 밑거름이 되고,

독일이라는 국가의 탄생을 이끌었다.

독일 건국에 이바지한
세 가지 모티브

　독일은 고유의 건국 신화가 없다. 게르만 민족의 오랜 역사를 보면 그럴 듯한 스토리가 있을 듯 하지만 없다. 그렇다고 독일이란 나라가 하룻밤에 뚝딱 만들어진 것은 아니다. 독일의 유구한 역사에서 건국에 이바지한 중요한 사건들이 있고, 그 사건이 벌어진 상징적인 장소들이 있다. 아이제나흐의 바르트성Wartburg도 그런 곳 가운데 하나다.

　바르트성은 '기다림의 성'이라는 뜻이다. 튀링엔Thüringen 공국의 백작이 아이제나흐 부근을 지나가다가 성을 짓기 적합한 산을 발견하고는 "기다려라, 산이여! 그대는 나를 위한 성이 되어야 한다!Warte, Berg, du sollst mir eine Burg werden!"라고 이야기했다는 것에서 그 이름이 유래되었다.

　그렇다면 바르트성은 독일 건국에 어떻게 이바지했을까? 이 성에서 독일 건국의 가장 중요한 모티브 세 가지가 제공되었다. 그것도 각기 다른 시대에 각기 다른 방법으로 말이다. 바르트성은 독일 건국과 직접 연관이 없을지 몰라도 독일 건국에 필요한 사상적 뿌리를 잉태한 어머니와 같다.

　게르만족은 스스로에 대한 자부심이 상당히 강한 민족이다. 나치 치하의 민족주의를 제외하면, 게르만족의 민족주의는 타민족을 침탈하지 않고 스스로의 자긍심을 고취하는 꽤 합리적인 수준이었다. 이것은 전쟁이 아닌 서사시와 같은 문화로서 민족주의가 잉태되었기 때문이다. 중세 독일에서는 영웅담을 토대로 한 서사시가 종종 만들어졌다. 악보가 없던 당시 이러한 서사시를 만들고 유통한 이들은 음유시인들이었다. 그런데 음유시인이 생계를 유지하려면 후원자가 필요했다.

　당시 음유시인을 가장 적극적으로 지원해 준 사람이 바로 바르트성에 대대로 거주했던 튀링엔 공국의 영주들이다. 이들은 전국의 음유시인을 성으로 불러 모아 경연대회를 열기도 했다. 이렇게 쌓인 서사시는 민족주의를 고취하였고, 훗날 작곡가 리하르트 바그너Wilhelm Richard Wagner가 이를 집대성하여 〈탄호이저Tannhäuser〉 등 수많은 작품을 만들어 오늘날의 게르만 민족주의의 완성을 보여주게 된다.

　바르트성 내부에는 음유시인의 경연대회가 열렸던 축제의 방Festsaal이 아직도 남아 있다. 이곳은 여전히 음악회가 열리는 공연장으로 사용되고 있다. 전체적으로 낡은 고성이지만 곳곳에 품격이 묻어나는 것은 단순히 권력을 과시하기 위해 궁전을 지은 것이 아니라는 방증일 것이다.

　중세 유럽은 어디든 라틴어가 최고의 언어였다. 국가마다 자국어가 있

1 튀링엔 공국의 영주들이 거주하던 바르트성의 안뜰
2 음유시인 경연대회가 열렸던 바르트성 축제의 방

종교개혁을 이끈 마르틴 루터가 11주 동안 머물며 신약성서를 독일어로 번역했던 바르트성의 '루터의 방'. 이때 루터가 사용한 독일어가 현대 독일어의 표준이 되었다

기는 했으나 저급한 언어 취급을 받았으며 체계적으로 정리되지도 못하였다. 독일도 마찬가지다. 독일어는 일찌감치 존재하였으나 지역마다 문법부터 통일이 되지 못하고 방언의 차이가 큰 하층민의 언어 정도로 취급되었다.

이런 독일어를 하나로 통일하여 표준을 제시한 사람이 바로 종교개혁가 마르틴 루터Martin Luther다. 루터가 촉발한 종교개혁의 핵심은 소수의 종교 권력자가 독점하고 있던 신앙을 모든 사람들에게 전파하여 다수의 민중이 부당하게 착취당하지 못하도록 만든 것이다. 루터는 모든 사람이 성서의 내용을 알아야 교황청의 거짓된 교리에 대응할 수 있다고 판단하여 당시 라틴어와 그리스어로만 적혀 있던 성서를 독일어로 번역하였다. 이때 루터가 사용한 독일어가 현대 독일어의 표준이 되었는데, 루터가 골방에 틀어박혀 11주 동안 신약성서를 번역한 장소가 바로 바르트성이다.

튀링엔 지역의 영주가 신변의 위협을 받던 루터를 보호하고자 성에 은둔하도록 지원하였다.

독일어의 완성은 단순히 종교개혁으로 끝나지 않는다. 구텐베르크의 인쇄 기술 발명과 맞물려 모든 분야에 걸쳐 소수가 독점하던 지식과 권력이 다수의 민중에게 넘어가는 획기적인 전환점이 되었다. 이것은 독일에 르네상스와 인본주의가 꽃피우는 토양이 되었고, 국가 권력의 패러다임을 바꾸는 계기가 되었다.

당시 루터가 틀어박혀 성서를 번역한 골방은 오늘날에도 그 모습 그대로 보존되어 있다. 영주의 도움으로 성에 은신하여 성서를 번역했다고 하면 마치 으리으리한 방에서 귀족 같은 대접을 받으며 지냈을 것처럼 보이지만 실상은 그렇지 않다. 고작해야 책 한 권 펼칠 정도의 작은 책상과 딱딱한 의자, 그리고 난방용 스토브가 전부인 조그마한 방에 불과하다. 루터의 방Lutherstube이라 이름 붙은 이 골방에서 한 개인에 의해 독일어가 완성되었다니 참으로 놀라울 따름이다.

검정색, 빨간색, 금색. 독일 국기를 구성하는 세 가지 색깔이다. 독일 국기의 유래는 어떻게 될까? 이 또한 바르트성과 연관이 있다. 1800년대 독일에서는 학생운동이 널리 전개되었다. 이들은 신성로마제국이라는 이름 하에 각 지방의 공국들이 난립하는 상황 속에서 독일의 통일을 조직적으로 주장한 최초의 세력이다. 당시 학생운동연합의 본부가 바르트성에 있었다. 그리고 이들이 통일과 공화국 수립을 주장하며 민족주의 행사를

1800년대 게르만 민족의 통일을 주장하던 학생운동연합의 본부였던 바르트성.
망루 정상에 독일 국기가 펄럭인다

개최하면서 검정색, 빨간색, 금색의 삼색 깃발을 흔들었다.

학생운동연합이 바르트성에서 민족운동을 전개한 것은 아마도 여기가 게르만족 민족주의의 메카였기 때문일 것이다. 바르트성에서 학생들의 민족운동이 열린 지 불과 30년 만에 입헌군주제를 채택한 독일제국의 출범으로 1차 통일이 완성된다. 그리고 통일의 정신을 계승한 바이마르 공화국에서 삼색 깃발의 색으로 국기를 만들어 공식 사용함으로써 바르트성에서의 민족운동이 국가 수립의 뿌리였음을 만천하에 공표한다. 그것이 지금 독일 국기의 모습임은 물론이다.

바르트성 건축이 시작된 것이 1067년. 그러니까 이 고성은 1,000년에 육박하는 역사를 가지고 있다. 바르트성은 그 긴 세월 동안 숱한 풍파를 겪으며 한 국가가 출범하는 데 결정적인 사상적 토양을 제공해 왔다. 세월의 흔적이 역력한, 독일을 잉태한 이곳은 오늘날 산 정상에 홀로 당당하게 서 있다. 망루 정상에 펄럭이는 독일 국기가 그 어느 곳보다 의미심장하다.

바이마르
Weimar

학창 시절 교과서에서 처음 본 도시 바이마르.

그때는 참 낯설게 느껴졌지만,

여행자로 만난 이 도시는 경이롭기만 하다.

인간의 평등을 보장한 헌법이 탄생한 곳이자

독일 고전주의를 꽃피운 인문학의 도시다.

바이마르로 가는 길은 괴테를 만나러 가는 시간이다.

괴테를
만나러 가는 시간

　독일에 대해 아는 바 거의 없던 시절, 베를린이나 뮌헨 등 소수의 대도시를 제외하면 독일의 도시는 이름도 낯설었다. 그런 빈약한 지식 속에서도 유독 독일의 작은 도시 한 곳은 오래도록 그 이름이 기억에 남았다. 바이마르. 바이마르 공화국 또는 바이마르 헌법이라는 용어로 교과서에 수차례 등장하는 고유명사인데, 튀링엔주에 위치한 도시 바이마르가 바로 그 이름의 출처다.

　바이마르 공화국은 독일 최초의 민주 공화국이며, 바이마르 헌법은 세계 최초로 인간의 평등을 법으로 보장한 민주적 헌법이다. 따라서 바이마르는 굉장한 성취를 남긴 도시다. 게다가 독일의 인문학이 꽃 핀 도시이자 세계적인 대문호 괴테가 평생을 살다간 도시다. 보통 이 정도 존재감이면 도시가 꽤 크거나 화려할 것 같은 괜한 선입견이 생긴다. 하지만 바이마르는 의외로 소박한 도시다.

유명세만 믿고 식당을 찾아갔는데 굉장히 허름하고 아담한 모습에 당황할 때가 있다. 바이마르에 처음 도착했을 때 기분이 그랬다. 그래도 명색이 '공화국'의 중심이며 '헌법'이 탄생한 곳이면 큰 의회 의사당이나 화려한 시청사가 있을 줄 알았다. 하지만 바이마르 구시가지는 참으로 아담하고 소박했다. 독일에서 흔히 볼 수 있는 작은 중세의 도시와도 다른 느낌이었다. 멋있거나 화려한, 또는 동화 속 장면처럼 앙증맞은 그런 느낌이 아니라 무겁고 단단한 느낌이었다.

바이마르 공화국의 수도가 바이마르가 아니라는 것을 알게 된 것은 훨씬 나중 일이다. 바이마르 헌법이 탄생한 곳이 바이마르였던 것은 맞다. 그러나 이것은 정치적 중립을 위해 일부러 조용한 소도시 바이마르를 택해 일시적으로 의회가 열렸던 것일 뿐이다.

1 바이마르 시립 궁전 2 마르크트 광장과 시청사 3 소박한 외관의 헤르더 교회

그렇다고 해도 아무런 이유 없이 바이마르가 선택되지는 않았을 것이다. 실제 이 작은 도시는 독일의 근대화에 있어 사상적 자양분을 제공했던 중요한 도시였다. 18세기 후반부터 19세기까지 소위 고전주의 시대로 불린 독일의 근대화 시기에 비약적으로 발전했고, 독일 최고 문호 괴테 등 당대 이름을 날리던 문인, 학자, 철학가, 예술가 등이 동시대에 이 도시를 무대로 활동했다. 그들은 바이마르에서 인본주의에 입각한 사상을 싹 틔웠다. 바이마르는 고전주의 시대 인문학의 왕국이었다.

잘 알다시피 독일은 공학과 과학에 있어 남다른 재능을 가지고 있다. 그런데 우리가 잘 모르는 것이 있다. 독일의 진짜 힘은 공학과 과학이 아니라 인문학에 있다는 점이다. 아무리 기술이 발달하고 우주의 비밀을 밝힐 만큼 과학이 앞섰다 한들, 그것의 목적은 사람이 잘 살기 위함이다. 결

국 문명이 발달하기 위해서는 기술에 앞서 사상이 발달해야 하며, 철학에 근거해 올바른 방향으로 기술이 뒤따라 사람에게 이바지해야 한다. 그래야 진정한 강국이 되는 것이다. 바로 그 독일 인문학의 힘이 태동하고 열매를 맺은 곳이 바로 여기, 바이마르다.

바이마르의 영주는 〈젊은 베르터의 고뇌〉가 히트하여 막 이름이 알려진 젊은 문인 괴테의 진가를 알아보고 그를 스카우트했다. 괴테는 잠깐 바람이나 쐴 겸 영주 초대에 응했다가 이내 마음을 고쳐먹고 바이마르에 눌러앉아 죽는 날까지 수십 년 동안 살았다. 불세출의 걸작 〈파우스트 Faust〉도 여기서 탄생했다.

사실 인문학이 발달하고 수준 높은 철학과 예술이 뿌리내린 흔적은 눈으로 보이는 영역이 아니다. 하지만 바이마르 시가지에서는 눈에 보이지 않는 그 무언가를 느낄 수 있다. 특히 유네스코 세계문화유산으로 등록된 구시가지의 고전주의 시대 유적들이 보여주는 공통점에 주목해야 한다.

바이마르의 시청사와 중심 교회인 헤르더 교회Herderkirche, 그리고 권력자인 대공이 거주했던 시립 궁전Stadtschloss은 모두 비슷한 시기에 지어졌다. 이들은 한 가지 공통점이 있는데, 덩치는 크되 화려한 장식을 찾아볼 수 없다는 점이다. 당시 바이마르가 꽤 잘나가던 시절이었으니 마음만 먹으면 얼마든지 화려한 황금빛 궁전과 하늘을 찌르는 높은 교회를 세울 수 있었을 것이다. 하지만 바이마르의 건물들은 모두 소박하다.

고전주의 시대 바이마르를 통치한 사람은 대공이 아니다. 그의 어머니

아나 아말리아Anna Amalia 대공비였다. 그녀는 남편이 요절하자 생후 1년도 되지 않은 자기 아들을 대공으로 세워 권좌에 앉히고 실질적인 권력은 자신이 쥐었다. 보통 이런 시나리오라면 권력에 대한 집착이 강하고 권력을 과시하기 좋아하는 인물일 것 같은데, 정작 그녀에 의해 꾸며진 바이마르 시가지는 매우 소박하고 아늑하다.

대신 대공비는 다른 것에 집중했다. 대형 도서관을 만들어 괴테를 도서관장으로 위촉하고 수십만 권의 도서를 모았다. 아직 젖먹이인 아들이 훌륭한 군주가 되기 위해서는 늘 곁에 두고 본받을 지성인이 필요하다는 강력한 교육열에서 나온 결과다. 괴테뿐 아니라 극작가 실러Friedrich von Schiller, 철학자 니체Friedrich Nietzsche 등을 후원하여 그들이 마음껏 학문을 닦을 수 있도록 배려했다. 당시 온 유럽에 명성이 자자했던 괴테가 이 도시에 중심을 잡고 있으니 각 분야의 셀럽이 알아서 모여들었다. 그들은 함께 학문을 연구하고 교류하며 고전주의를 꽃피웠다.

바이마르에 독일의 대문호와 철학가들이 모여들어 고전주의를 꽃피우면서 바우하우스Bauhaus라는 엄청난 사건이 벌어졌다. 바우하우스는 앞선 기술과 인간 중심의 사상이 만나 기존의 가치관을 뿌리부터 바꿔버린 사건이었다. 바우하우스가 시작된 곳은 오늘날 바우하우스 박물관Bauhaus-Museum이 되었다. 박물관에 전시된 가구나 설계 도면은 지금 우리가 사용하는 평범한 가구와 닮았다. 이렇게 이야기하면 바우하우스가 평범하게 느껴질지도 모르지만, 절대 그렇지 않다.

괴테 국립박물관으로 사용되는 괴테의 저택. 괴테는 수십 년 동안 바이마르에 살면서
〈파우스트〉 같은 걸작을 집필했다

바우하우스를 한마디로 정리하면, '현대 건축의 조상님' 정도로 부를 수 있겠다. 지금 우리가 사용하는 건물이나 가구를 생각해 보자. 대부분 네모반듯한 모양에 불필요한 장식을 생략하고 실용성을 추구한다. 하지만 중세의 건물과 가구는 그렇지 않았다. 복잡한 문양을 넣고 장식을 달고 뭐든 화려하게 만드는 것이 우선이었다. 바우하우스는 그 가치관을 뒤집어버렸다. 그들이 설계한 네모반듯한 건물과 가구들이 오늘날 우리들의 건물과 가구들의 원형이 되었다.

바이마르 공화국은 오래 가지 못했다. 나치가 집권하면서 공화국은 해체되었다. 하지만 바이마르 공화국의 정신은 오늘날 독일 연방공화국의 뿌리가 되었다. 통일 후 독일은 바이마르 공화국의 정신을 계승하여 국기도 바이마르 공화국의 것을 그대로 사용한다. 괴테라는 거목을 중심으로 바이마르에서 꽃피운 고전주의가 바이마르 공화국의 밑거름이 되었고, 바이마르 공화국의 정신이 지금 독일의 정신으로 계승되어 지속되고 있다.

유명세를 믿고 찾아갔다 허름한 식당의 첫인상에 놀라더라도 그 맛을 직접 확인하면 유명세가 진짜인지 가짜인가 판가름할 수 있다. 바이마르는 진짜였다. 화려함을 애써 지양한 소박한 시가지 속에 그 소박함을 만든 거대한 정신이 깃들어 있어 여기는 진짜가 확실하다고 믿게 된다.

바이마르로 가는 길은 괴테를 만나러 가는 시간이고, 고전주의를 만나러 가는 시간이며, 오늘날 독일이라는 국가의 사상적 뿌리를 확인하러 가는 시간이다.

크베들린부르크
Quedlinburg

크베들린부르크를 여행하는 것은
도시의 나이테를 실감하는 일이다.
기차역에서 도심을 향해 갈수록
시대를 반영한 건축양식이 달라진다.
타임머신을 타고 과거의 시간으로
건축 여행을 떠나는 느낌을 준다.

시대별 건축양식이 투영된
도시의 나이테

    크베들린부르크를 찾아가는 길은 녹록지 않다. 하르츠산맥에 있는 도시들은 기찻길이 썩 편하지 않기 때문이다. 산 중턱을 달리는 기차는 종종 산의 경사 때문에 기울어진 채로 달린다. 그 상태로 기차는 지그재그로 달리면서 멀미를 유발한다.

    그렇게 힘들게 찾아간 크베들린부르크는 그럴 만한 가치가 있는 곳이다. 이 도시는 독일 역사상 최초의 수도라고 할 수 있다. 우리가 천년고도 경주를 가지고 있는 것처럼 독일도 천년고도 크베들린부르크를 가지고 있다. 독일 역사의 중요한 현장으로서, 그 역사에 걸맞은 구시가지를 보유한 이 작은 도시를 그냥 지나칠 수 없었다.

    크베들린부르크는 동프랑크 왕국의 수도였다. 동프랑크 왕국은 신성로마제국의 전신으로서, 신성로마제국 최초의 황제 오토 1세Otto I의 아

1 슐로스베르크에서 바라본 크베들린부르크 풍경. 크베들린부르크는 독일 최초의 수도라 불린다
2 크베들린부르크에서 가장 오래된 크베들린부르크성
3 상대적으로 신 시가지인 성 니콜라이 교회 주변

버지 하인리히 1세Heinrich I가 크베들린부르크를 동프랑크 왕국의 수도로 정하고 크베들린부르크성Schloss Quedlinburg을 지었다. 하인리히 1세가 즉위한 것이 912년이므로 이미 1,000년이 훌쩍 넘은 고성이다.

크베들린부르크성이 자리 잡은 언덕을 슐로스베르크라고 부른다. 하인리히 1세는 슐로스베르크에 성과 함께 수녀원을 짓고 도시의 중심으로 삼았다. 성이 있는 언덕부터 아래로 도시가 뻗어내려 갔다. 하인리히 1세가 죽은 뒤에도 왕비는 계속 수녀원에 머물며 봉사활동을 했으며, 왕궁과 같은 존재감을 가진 수녀원은 훗날 커다란 규모의 성 제르파티우스 협동교회Stiftskirche St. Servatius로 발전하였다. 지금도 산 위에 성과 교회가 나란히 있는데, 협동교회가 성보다 더 크고 상징적이다.

10세기경 한 나라의 수도가 되어 발전하기 시작한 크베들린부르크는 13~14세기경 한 차례 더 비약적인 발전을 한다. 당시 부유한 상인 등 시민 세력은 슐로스베르크에서 내려와 평지에 새로운 시가지를 꾸렸다. 13세기에 건축된 것으로 추정되는 슈텐더바우Ständerbau라는 이름의 목조 주택은 독일에 현존하는 가장 오래된 목조 건물로 꼽힌다. 지금 흔히 볼 수 있는 중세의 목조 주택과도 또 다른, 솔직히 말하면 참 '못생긴' 건물이지만, 800여 년간 숱한 풍파와 화재를 이기고 오늘날까지 살아남아 당시의 건축 기술과 양식을 보여주는 자체가 기특하다.

슈텐더바우의 지척에는 시청사가 있는 마르크트 광장이 있다. 광장 정면의 시청사는 검게 그을린 채 덩굴을 뒤집어쓰고 세월의 흔적을 굳이 감추려 하지 않는다. 또한 시청사 좌우편에 늘어선 건물들은 형형색색의 모습으로, 그리고 시청사 뒤편의 마르크트 교회Marktkirche는 높은 첨탑으로 광장의 정취를 만드는 데에 저마다 일조하고 있다.

크베들린부르크 시가지가 발전함에 따라 도시를 방어해야 할 필요성이 커졌다. 자연스럽게 성벽이 도시를 둥글게 감쌌는데, 이때 슐로스베르크는 성벽 밖에 놓였다는 것이 흥미롭다. 어쩌면 당시 마르크트 광장 등 시가지 중심부에 터를 잡은 상인과 귀족들은 굳이 쇠락한 성을 보호할 필요성을 느끼지 못했는지 모른다. 지금도 성벽은 여전히 많은 구간에 걸쳐 원래의 모습을 유지하고 있다. 마르크트 광장과 일직선상에 있는 호어탑 Hoher Turm은 성벽의 주요 출입문이었을 것으로 추정된다.

성벽은 자연스럽게 시가지의 중심과 변두리를 나눈다. 변두리로 갈수록 더욱 작고 아기자기한 집과 좁은 골목이 어우러지는 것을 볼 수 있다. 그중 변두리의 가장 구석이라 할 수 있는 곳에는 한때 감옥으로 사용되었다는 슈레켄탑Schreckensturm이 건물 사이에 남아 있다. 그 앞의 성 애기디 교회St. Aegidii는 규모는 작지만 정교한 오르간과 스테인드글라스를 보유하고 있다. 크베들린부르크가 한창 발전하던 시기에는 '감옥 앞' 변두리도 꽤 윤택했었음을 느낄 수 있다.

크베들린부르크 도시의 발전은 여기서 끝나지 않는다. 마르크트 광장에서 조금 떨어진 곳에 16세기경 지어진 시립 궁전부터 새로운 시가지가 펼쳐진다. 시립 궁전의 정식 명칭은 하겐의 프라이하우스Hagensches Freihaus, '자유의 집'이라는 뜻의 프라이하우스는 공을 세운 귀족이 영주로부터 하사받은 봉지封地에 만든 사유지를 말한다. 여기서 생산되는 수익에 대해서는 세금을 면제받았기 때문에 프라이하우스라고 불리었다. 프라이하우스는 보통 성벽 밖의 영지를 제공하기 때문에 지금 시립 궁전의 위치가 원래 성벽 밖이었음을 알 수 있다.

시립 궁전부터 시작되는 '상대적'인 신시가지는 르네상스 양식부터 그 이후의 다양한 건축양식이 혼재되어 있다. 여기에 성 니콜라이 교회 St. Nikolei를 중심으로 광장과 주택가가 형성되면서, 말하자면 중세 크베들린부르크의 신도시가 만들어진 셈이 되었다. 성 니콜라이 교회 주변의 시가지는 마르크트 광장 주변과는 느낌이 또 다르다.

성령 거리Heilige-Geist-Straße에서는 유겐트슈틸 양식의 건물까지도 눈에 띈다. 유겐트슈틸은 독일의 아르누보 운동을 뜻하는 것이니 20세기 초에 만들어졌다는 뜻이다. 한 꺼풀씩 외곽으로 나갈수록 수 세기의 세월을 뛰어넘어 완전히 다른 모습을 보여주는 것이다. 마치 누가 '건축 박람회'라도 열기 위해 의도적으로 계획한 것처럼, 절묘하게 한 꺼풀씩 새로운 시대의 건축이 감싸고 있다.

크베들린부르크는 이처럼 '도시의 나이테'를 보여준다. 10세기의 슐로스베르크를 시작으로 점차 도시가 커지고 커질수록 다음 세기의 건축에 충실한 시가지가 펼쳐진다. 급기야 20세기의 건축까지 가장 외곽에

1 성령 거리에서 볼 수 있는 아르누보 양식의 건물
2 화려한 장식이 눈길을 끄는 마르크트 교회 내부 제단

자리 잡으면서, 이 나이테는 무려 10세기에 걸친 방대한 세월을 오롯이 담아낸다.

크베들린부르크의 기차역은 가장 외곽에 있다. 그러니까 기차역에 내려 구시가지로 들어가면 세월의 역순으로 점차 과거로 들어가게 된다. 이것은 마치 걸어 들어가는 타임머신이라고 해도 되지 않을까? 독일의 천년 고도다운 특별하고도 특별한 체험이다.

비텐베르크
Lutherstadt Wittenberg

16세기 초 독일의 작은 도시에서
세상을 뒤흔든 종교개혁이 일어났다.
무기도 없고, 조직도 없었던 한 성직자가
부당한 일에 대해 그저 토론을 원했을 뿐인데,
서구문화를 바꾼 엄청난 사건으로 비화됐다.
기독교 종교개혁의 성지가 된 이 도시는
지금도 순례자의 발길이 끊이지 않는다.

종교개혁으로
세상을 바꾼 성지

비텐베르크는 아주 작은 도시다. 하지만 이 작은 도시에 수많은 사람이 몰려든다. 이들은 관광객이기도 하지만 순례자이기도 하다. 비텐베르크가 개신교의 성지이기 때문이다. 마르틴 루터가 종교개혁을 시작한 곳, 다시 말해서 개신교가 첫발을 내디딘 곳이 바로 여기다. 그래서 비텐베르크의 공식 명칭이 '루터의 도시 비텐베르크Lutherstadt Wittenberg'다.

비텐베르크에서 시작된 종교개혁은 결국 독일을 넘어 유럽 전체의 패러다임을 뒤흔들었다. 이것은 다수의 민중을 계몽하는 르네상스의 절정이었다. 이 때문에 로마 교황청의 권위는 크게 떨어졌고, 세계대전이라 불러도 어색하지 않을 길고 끔찍한 전쟁이 벌어졌다. 신교도들은 종교의 자유를 찾아 신대륙으로 이주했다. 결국 오늘날 서구 문화권의 확립은 바로 이 종교개혁부터 시작되었다고 해도 과언이 아니다.

1 마르틴 루터 종교개혁의 시작점이 된 슐로스 교회의 장엄한 내부
2 축제가 열리고 있는 슐로스 교회 인근 거리의 밤 풍경

그런데 세상을 바꾼 그토록 어마어마한 개혁의 출발은 무장봉기도 아니고 지식인들의 동맹 결성도 아니었다. 그저 한 개인이 토론을 제안했을 뿐이었다. 종교개혁 당시 로마 교황청은 돈을 받고 면죄부(면벌부)를 팔았다. 특히 왕권보다 교권이 강한 신성로마제국은 면죄부 판매의 최대 시장이었다. 성직자 마르틴 루터는 면죄부 판매가 성서의 교리에 어긋난다고 판단하여 이에 대하여 토론을 제안하며 '95개조 반박문'을 작성해 자신이 봉직하던 슐로스 교회Schlosskirche 문 앞에 붙였다.

그 파장은 엄청났다. 95개조 반박문은 순식간에 복사되어 독일 각지로 퍼졌고, 그 결과는 우리가 알고 있는 그대로다. 작은 교회의 한 무명 신부가 유럽 전체를 뒤흔든 것이다. 그러니 비텐베르크가 스스로를 '루터의 도시'라고 부르는 것이 전혀 어색하지 않다. 많은 순례자가 비텐베르크를 찾는 것도 전혀 어색하지 않다.

종교개혁의 시작점인 슐로스 교회 첨탑에는 루터가 작사한 찬송가 '내주는 강한 성이요'의 구절이 새겨져 있다. 아무런 힘도 없는 일개 신부로서 이렇게 엄청난 일을 저질러 버렸으니 루터는 얼마나 불안했을까? 하지만 그는 오직 신에게만 의지하여 개혁을 완수하였다. 신이 자신을 지켜주는 견고한 성이 된다는 확고한 믿음 덕분이었다. 루터는 자신이 머물던 슐로스 교회에서 위안을 얻고 신의 보호를 느꼈는지도 모른다. 본래 레지덴츠 궁전Residenzschloss에 딸린 교회였던 슐로스 교회에는 성의 일부였던 높은 첨탑과 견고한 성벽의 흔적이 남아 있다.

마르크트 광장의 마르틴 루터 동상. 비텐베르크는
마르틴 루터가 종교개혁을 시작한 도시다

루터가 95개조 반박문을 써 붙인 교회의 출입문에는 95개조 반박문의
내용이 부조로 새겨져 영원히 변치 않는 모습으로 모든 사람에게 공개되
어 있다. 내부에는 루터의 무덤도 있다.

마르틴 루터가 비텐베르크에 머물 때 거주했던 건물은 오늘날 루터
하우스Lutherhaus라는 이름의 박물관으로 사용되고 있다. 루터가 생전 사
용했던 물건과 방을 그대로 재현해 놓고, 루터의 제구祭具, 그가 번역한 성
서나 그가 작사한 찬송가의 악보 등 방대한 자료가 전시 중이다.

루터 하우스에서 조금 떨어진 곳에는 루터의 나무Luthereiche가 있다. 교황청의 끈질긴 협박과 회유에도 자신의 신념을 굽히지 않은 루터는 결국 교황청으로부터 파면 통지를 받는다. 이에 격분한 루터는 파면 교서와 로마 교회 법전을 자기 집, 지금의 루터 하우스 인근 공터에서 불태워 버렸다. 말하자면, 신앙이라는 이름으로 민중을 핍박하는 썩은 종교 권력을 화형에 처한 셈이다. 당시 루터의 분노가 불타오른 자리에는 이를 기념하는 나무를 심었는데, 지금은 크게 자랐다. 이 나무를 '루터의 나무'라고 부른다.

루터의 나무는 누가 설명해 주지 않으면 그냥 길가에 심어진 평범한 나무로 보인다. 하지만 이 자리에서 세상의 패러다임을 바꾸는 불꽃이 타올랐다. 이 작은 시골 마을에서, 한 이름 없는 개인에 의해, 세상을 뒤흔드는 개혁의 불길이 타올랐다. 루터가 교지를 불태운 자리, 세상을 흔들었던 개혁의 불길이 타오른 자리에 무심한 듯 서 있는 푸른 나무의 그늘에서 잠시 쉬어간다. 이 순간만큼은 누구라도 순례자가 된다.

1 루터 하우스에 전시된 루터 성경본
2 루터가 손님을 맞이하던 응접실

마이센
Meißen

동양 도자기에 빠진 사치스러운 군주가 있었다.

그의 욕망은 도자기 수집에 그치지 않았다.

그는 동양의 것보다 더 좋게 직접 만들고 싶었다.

그의 과한 열정은 기어이 결실로 이어졌다.

그에 의해 세계에서 가장 비싼 도자기가 탄생했고,

마이센은 도자기의 고유명사가 되었다.

독일 최대
사치의 현장

독일의 국민성은 사치와 거리가 멀다. 주변 국가에서 프라다와 루이뷔통을 만들 때 독일은 벤츠와 보쉬를 만들었다. 독일은 성능 좋고 오래 쓸 수 있어서 비싼 것은 합리적이라 여기지만, 단지 유명한 브랜드라는 이유로 비싼 가격을 받는 것은 비합리적으로 여긴다. 적어도 독일에서는 예부터 지금까지 그러한 상식이 지켜지고 있다.

그런 독일에서도 가격표를 보는 순간 입이 떡 벌어질 정도로 터무니없이 비싼 예외적인 사치품이 있다. 마이센Meissen이라는 브랜드를 달고 있는 도자기가 그것이다. 그릇 한 벌이 수백만 원을 호가하니 이게 대체 무슨 일인가 싶다. 마이센 도자기는 아마도 'Made in Germany'가 쓰인 것 중 가장 사치스러운 명품이라 해도 과언이 아닐 것이다. 이 마이센 도자기가 탄생한 도시가 마이센이다. 도시 이름과 도자기 이름이 같다.

1 마이센 자기공방 박물관 1층 카페. 마이센 도자기에 커피를 담아준다
2 마이센 자기공방 박물관에 전시된 도예작품

모두가 아는 사실이지만, 원래 도자기는 동양의 기술이다. 우리나라도 고려청자 등 도예 기술이 매우 뛰어났지만, 어쨌든 도자기의 원조는 중국이라고 해야 할 것이다. 실제로 영어로 'China'라고 하면 중국을 뜻함과 동시에 도자기를 뜻하는 단어로도 사용된다. 그만큼 서양의 시선에서 중국은 곧 도자기였다. 남부러울 것 없이 콧대 높던 그들도 중국의 도자기만큼은 동경의 대상이었던 모양이다.

이런 도자기를 유럽에서 최초로 만든 곳이 독일 마이센이다. 마이센은 당시 작센 공국 수도 드레스덴의 근교 도시였다. 18세기 초 작센 공국은 강한 권력을 과시하며 화려함의 극치를 달린 '강건왕' 아우구스트Augustus der Starke가 통치했다. 그에게 있어서 도자기는 자신의 취향에 딱 맞는 고급문화였다. 그는 요한 뵈트거Johann Friedrich Böttger에게 도자기 제조를 강요했다. 마이센의 알브레히트성Albrechtsburg을 통째로 내어주고 사실상 감금한 채 공방을 만들게 했다. 언덕 위에 대성당Meißner Dom과 이웃해 있으면서 그럴 듯한 풍경을 제공하던 알트레히트성은 한때 귀족이 거주했지만 당시에는 아무도 살지 않았다. 이 텅 비어 있는 큰 성이 도자기에 빠진 왕에 의해 도자기 공방이 되었고, 1710년 유럽에서 최초로 도자기가 만들어진 역사적인 현장이 되었다.

유럽에서 마이센 도자기는 큰 인기를 끌었다. 권력자와 귀족들은 도예품을 열렬히 수집했다. 그림이나 조각을 수집하듯 도예품도 열심히 수집하여 전시하고, 자신의 부를 과시함은 물론 문화적 욕구도 충족한 것이다. 결국 마이센은 늘어나는 수요를 감당할 수 없어 더 큰 도자기 공장을

세계 최고의 도자기 마이센이 탄생한 알브레히트성과 마이센 대성당

지어야 했다. 1863년 알브레히트성을 나와 큰 공장을 따로 짓고 생산량을 늘렸다. 바야흐로 공방에서 공장이 된 것이다.

오늘날에도 'Meissen'이라는 단어는 유럽에서 도자기의 대명사로 쓰인다. 'China'가 도자기를 뜻하듯, 마이센은 유럽의 대표적인 도자기로 인정받은 것이다. 마이센이 유럽 각국의 산업스파이로부터 도자기 제조 비법을 지키지 못하여 이내 유럽 각국에서 도자기를 굽게 되었지만, 어쨌든 유럽 내 원조는 마이센이 분명하다. 게다가 품질도 우수해 여전히 마이센은 명품으로 인정받으며 비싼 가격에 판매되고 있다.

지금도 마이센은 거대한 규모의 공장에서 도자기를 생산하며 그 명성을 계승하고 있다. 권력자와 부자들의 수집품이었던 역사에서 볼 수 있듯, 마이센의 도자기는 단순한 공산품이 아니다. 그 자체가 곧 예술품이다.

마이센 공장에 있는 자기공방 박물관Museum Porzellan-Manufaktur Meissen
에 들어가 보면 그 예술성을 실감할 수 있다. 어떻게 만들었을지 궁금해지
는 정교한 도예품들이 박물관을 가득 메우고 있다. 큰 것은 큰 것대로 작
은 것은 작은 것대로, 바닥에 두거나 천장에 매달아 두거나, 저마다의 목
적에 따라 제작된 도예품들은 하나같이 화려하고 정교하다. 전시물은 곧
마이센 도자기의 역사다. 300여 년 전 만든 옛 도예품부터 최근에 제작된
것까지 시대를 아우르는 전시물이 빼곡하다. 그래서 박물관에는 앤틱한
것부터 모던한 것까지 다양한 도예품이 가득하다. 조금도 지루할 틈 없이
눈이 호강한다.

박물관에는 전시 목적의 예술품으로 만든 도자기만 있는 게 아니다.
식기로 사용하기 위해 제작된 그릇과 찻잔 등 리빙 용품도 있다. 그뿐만
아니다. 도자기로 만든 파이프 오르간을 실제로 연주하는 등 다채로운 도
자기 체험도 가능하다.

박물관 1층에 아웃렛 매장도 있다. 마이센에서 만든 제품을 파격적으
로 할인 판매하는 곳이다. 그런데 처음 아웃렛 가격표를 보면 기겁하게 된
다. 반값이라는데 수천 유로를 호가하는 세트가 허다하기 때문이다. 처음
에는 뭘 잘못 봤나 싶어 가격표의 0의 개수를 몇 번씩 세어보곤 했을 정도
였다.

아웃렛 매장의 좁은 매대 사이를 지나다니며 제품을 구경할 때도 긴장
의 끈을 놓지 못한다. 옷깃에 걸려 뭘 하나 깨트리기라도 하면? 어휴, 생각

만 해도 소름이 돋는다. 근육이 뭉칠 정도로 몸을 움츠려 조심스레 다닐 수밖에 없다. 고작 그릇 따위가 인간을 조종하다니 대체 이것을 어떻게 설명해야 할까? 그런데 이 비싼 그릇들을 덥석 사는 사람도 여럿 보인다. 대부분 일본인 또는 중국인이다. 역시, 해외에서도 큰손들은 어디를 가나 만국 공통이다.

박물관 1층에 있는 카페에서 커피를 시켰다. 이런! 커피잔도 마이센 도자기다. 이거 커피 마시다가 미끄러져 떨어트리기라도 하면 큰돈 물어줘야 하는 것 아닌가? 또 긴장하며 근육이 뭉쳐들려는 찰나 커피잔이 놓인 접시에 이가 빠진 것이 눈에 들어온다. 하긴, 소위 명품 도자기라고 해서 '용가리 통뼈'로 만든 것도 아닌데 사람 손을 타다 보면 이도 빠지고 금도 갈 수 있는 것이지 이게 뭐라고 사람을 움츠러들게 하나.

그래도 영업장에서 손님들에게 내어오는 그릇인데 이가 빠진 것을 사용하다니. 우리나라였다면 이가 빠진 것은 절대 사용하지 않을 것이다. 예쁘고 온전한 모양새가 중요하니까. 그런데 독일에서는, 아니 그 명품이라는 마이센의 본사에서조차도 그릇을 그렇게 극진히 모시지 않는다. 그래, 역시 그릇보다 사람이 우선이다. 뭉쳤던 근육이 풀어지는 순간이다.

포츠담
Potsdam

우리가 세종대왕이나 광개토대왕을 기리듯이
독일인도 '대왕'이라는 극존칭으로 기리는 군주가 있다.
유럽의 변방에 불과했던 프이센을
단숨에 최강 공국으로 만든 프리드리히 대왕.
포츠담은 그의 쉼터이자 힐링캠프였다.

근심이 사라지는
대왕의 힐링캠프

신성로마제국 이후부터 독일 역사를 통틀어 '대왕'이라는 극존칭을 부여받은 유일한 지도자가 있다. 바로 프리드리히 대왕Friedrich der Große이다. 그는 프로이센의 국왕으로 부임하자마자 오스트리아 합스부르크 왕조와의 전쟁에서 승리하여 영토를 확장하고, 내부 개혁을 통해 프로이센 국가의 틀을 다졌다. 프리드리히 대왕의 개혁과 지략에 힘입어 유럽의 변방에 불과했던 프로이센은 단숨에 신성로마제국 내 최강을 다투는 강력한 왕국이 되었다. 이 기틀을 바탕으로 독일은 1차 통일을 이루게 된다.

당시 프로이센의 수도가 있던 베를린 근교 포츠담은 프리드리히 대왕의 별궁인 상수시 궁전Schloss Sanssouci으로 유명하다. 상수시Sanssouci는 프랑스어로 '근심이 없다'라는 뜻이다. 연이은 전쟁과 국정에 머리가 아팠던 프리드리히 대왕은 포츠담을 찾아 근심을 내려놓고 휴식을 취했다. 말하자면, 포츠담은 프리드리히 대왕의 힐링캠프였던 셈이다.

궁전의 이름을 '근심이 없다'라고 명명할 정도로 프리드리히 대왕은 포츠담이 마음에 들었던 모양이다. 실제로 상수시 궁전 주변 드넓은 상수시 공원Sanssouci Park에 가면 하늘이 보이지 않을 정도로 울창하고 거대한 나무들과 형형색색의 꽃들이 반겨준다. 가만히 앉아 바라보기만 해도 절로 마음이 편안해질 그림 같은 풍경이다.

하지만 연이은 전쟁에 한껏 예민해져 있을 군주가 단지 평화로운 풍경을 본다고 마냥 마음이 편했을까? 울창한 숲은 암살자가 은폐하기 쉬워서 오히려 신변의 위험에 노출될 우려가 높지 않을까? 그렇다면 황제의 근심을 덜어준 원동력은 따로 있지 않을까?

그것은 바로 포츠담이 프로이센의 군사 기지였다는 것에서 비로소 설득력을 얻는다. 포츠담을 군사 기지로 만든 것은 프리드리히 대왕이 아니다. 겉으로는 화평만 추구하는 심약한 지도자면서 안으로는 난폭한 폭군이었던 프리드리히 빌헬름 1세Friedrich Wilhelm I, 즉 프리드리히 대왕의 아버지가 만들었다. 프리드리히 빌헬름 1세는 부패한 관료들을 몰아내고 정부의 지출을 획기적으로 줄인 뒤 그 비용으로 군사력을 늘리는 데 모든 힘을 쏟았다. 수많은 병사가 수도 베를린에 주둔하기 어려워 근교 포츠담이 군사 기지가 되었다. 기지 건설을 위해 네덜란드에서 모셔 온 장인들이 포츠담에 모여 살던 동네는 오늘날에도 네덜란드식 주택이 줄지어 있어 특이한 풍경을 선사한다.

왕의 휴식공간 '신 정원'의 호숫가 벤치에 앉아 호수를 바라보며 쉬는 여행자들. 포츠담은 독일 역사상
가장 위대한 왕으로 추앙받는 프리드리히 대왕의 별궁이 있던 곳이다.

　　프리드리히 대왕은 부친과 사이가 좋지 않았다고 전해진다. 하지만 적
어도 아버지가 만들어둔 강력한 군사력의 배후에서 근심을 잊고 자신을
추슬렀던 셈이니, 어쩌면 그의 근심을 덜어준 것은 군대가 아니라 아버지
라는 존재였는지도 모른다.

　　오늘날 포츠담은 프리드리히 대왕뿐 아니라 여행자들에게도 최고의
휴식처가 된다. 대왕과 무관한 나 같은 이방인도 포츠담에서 한동안 머리
를 식히며 기분 좋은 휴식을 취할 수 있다. 그것은 포츠담이 독일에서 몇
손가락 안에 꼽히는 '호수의 도시'이기 때문이다. 넓고 푸른 호수와 울창
한 공원은 절로 긴장을 풀고 다리를 뻗게 만든다.

1 상수시 공원에 자리한 신 궁전
2 상수시 공원의 구조물
3 상수시 공원 중심에 자리한 분수대와 상수시 궁전

호반 도시로서 포츠담 매력을 느끼려면 신 정원Neuer Garten에 가야 한다. 상수시 공원이 궁전의 위엄을 돋보이도록 만든 황제의 휴식 공간이라면, 호반에 조성한 신 정원은 문자 그대로 휴식을 위한 공원으로서 조성되었다. 신 정원 역시 프리드리히 대왕이 만들었으나, 그 후 프로이센의 다음 군주들에 의해 더욱 다듬어졌다. 제2차 세계대전 종전 후 대한민국의 독립을 결정한 '포츠담 선언'이 열린 체칠리엔호프 궁전Schloss Cecilienhof도 신 정원 내에 은신처처럼 숨어 있다. 많은 사람이 포츠담에서 상수시 궁전과 공원만 보고 급하게 베를린으로 되돌아가지만, 신 정원 역시 놓치기 아까운 매력적인 장소다.

신 정원 지척에 있는 글리니케 다리Glienicker Brücke에는 사연이 있다. 동서독 분단 시절, 포츠담은 소련군 주둔지였고 맞닿은 서베를린은 미군 주둔지였다. 서베를린의 미군과 포츠담의 소련군은 글리니케 다리 위에서 만나 포로를 교환했다. 다리의 양편에 적군이 대치하고 있고, 포로만 다리를 건너 아군에게 되돌아가는 영화 같은 풍경이 실제로 벌어졌던 곳이다.

글리니케 다리 위에 올라가 보았다. 포로가 된 것처럼 걸어보고 싶었다. 그러나 다리 위로 자동차가 너무 바삐 오가 영 분위기가 잡히지 않았다. 다리 주변에 설치된 기념물이 보이지만, 그보다 더 눈에 들어오는 것은 주변 호수의 기막힌 풍광이다. 이런 풍경 속에서도 살벌하게 대치하는 것이 전쟁이고 냉전이리라. 그 살벌한 상황도 영화처럼 생각할 수 있는 평화로운 시대를 사는 사람에게 포츠담의 '힐링'은 조금 더 특별한 의미로 다가온다.

드레스덴
Dresden

독일 동부는 구동독의 영역과 거의 일치한다.

드레스덴은 동독의 색채를 간직하고 있으면서

과거의 찬란했던 영광을 복원한 도시다.

색다른 느낌 속에 멋진 풍경을 즐기면서

전쟁의 폐허에서 복원한 감동도 느낄 수 있다.

'엘베강의 피렌체'라는 별명을 만든 브륄의 테라스.
드레스덴 구사기지에는 역사적 가치가 높은 명소가 몰려 있다

독일이
상처를 극복하는 방법

　드레스덴은 매우 매력적인 여행지로 손꼽힌다. 신성로마제국 시절 수많은 지방 공국 중 몇 손가락 안에 드는 강대국이었던 작센 공국의 본거지가 드레스덴이었다. 특히 작센 공국의 대공 중 '강건왕'으로 불린 아우구스트 2세가 여러 궁전을 짓고 박물관을 만들고 거리를 정비한 이래로 드레스덴은 유럽의 여느 대도시에 뒤지지 않는 방대한 볼거리를 갖추게 되었으며, '엘베강의 피렌체'라는 별명도 얻었다.

　드레스덴 중앙역에 내리면 구시가지까지 약 15분 정도 걸어야 한다. 이때 등장하는 시가지는 현대식 건물들이 줄지어 있어 마치 한창 개발 중인 신도시의 어느 한 부분을 보는 듯하다. 대형 쇼핑몰, 대형 호텔, 대형 상점 등이 북적거리는 이런 풍경은 독일에서는 낯설다.

　현대식 번화가 프라거 거리Prager Straße가 끝나는 지점부터 비로소 아름다운 구시가지가 펼쳐진다. 드레스덴 구시가지는 제2차 세계대전 중 참

혹하게 파괴되었다가 독일 통일 후 복원에 박차를 가해 되살아났다. 다른 도시에 비해 복구가 늦은 편이지만, 그래서 더욱 매스컴의 스포트라이트 속에 '독일 재건의 아이콘'으로 주목받았다.

그리 넓지 않은 드레스덴 구시가지에는 역사적 가치가 높은 명소들이 많다. 두 개의 궁전, 누 개의 큰 교회, 수많은 대형 박물관과 중세 요새의 성벽, 큰 다리, 독일에서 가장 유명한 오페라 극장 등 '종합 선물 세트'라고 해도 과언이 아닐 정도로 볼거리가 많고, 이 볼거리들이 서로 이웃하고 있다. 건물 하나를 사이에 두고 나란히 있는 슐로스 광장Schlossplatz과 테아터 광장Theaterplatz이 대표적인 장소. 유명한 궁전 바로 옆 건물이 유명한 교회이고, 그 바로 옆 건물이 극장이고, 그 옆에 궁전이 있는 식이다. 테아터 광장의 츠빙어Zwinger는 사실 궁전의 용도로 지은 건물이 아님에도 불구하고, '강건왕'의 사치가 묻어나 자연스럽게 궁전이라 불리기도 한다.

드레스덴 구시가의 아름다운 풍경을 가장 잘 감상할 수 있는 곳은 브륄의 테라스Brühlsche Terrasse다. 도시를 가로질러 흐르는 강변에 인공적으로 만들어진 산책로인데, 괴테도 여기를 보며 "유럽의 테라스"라고 극찬했다. 그런데 사실 이 테라스는 관광용이 아니라 드레스덴의 중세 성벽의 일부다. 강변을 따라 방어용 성벽이 있었고, 그 성벽의 위가 바로 강변과 이웃하고 있는 테라스처럼 오늘날까지 남아 있는 것이다.

강 건너편 또는 강을 건너는 아우구스트 다리Augustusbrücke 위에서 브륄의 테라스를 바라보면 구시가지의 아름다운 건물들이 그야말로 한 폭

엘베강 건너편에서 바라본 브륄의 테라스 야경. 괴테가 '유럽의 테라스'라 극찬한 그 풍경이다

의 그림 같다. 브륄의 테라스 위에서 강 건너편을 바라보아도 좋다. 궁전 또는 궁전처럼 생긴 관공서 건물들과 푸른 강물이 어우러지는 전망이 매우 훌륭하다. 밤에 오면 더욱 좋다. 브륄의 테라스 주변 건물들은 밤마다 화려하게 조명을 밝히며 서로의 자태를 경쟁하듯 뽐낸다. 단언컨대, 독일에서 드레스덴 구시가지의 야경이 단연 으뜸이다.

한편, 이 아름다운 시가지에는 불명예도 있다. 브륄의 테라스를 중심으로 엘베강을 따라 형성된 아름다운 시가지는 유네스코 세계문화유산으로 등재되었다. 그러나 드레스덴에서 엘베강을 가로지르는 새로운 다리를 건설하면서 주변 경관을 해친다는 이유로 2009년 세계문화유산에서 삭제되고 말았다. 드레스덴은 새로운 다리 건설을 두고 주민투표까지 거쳤는데, 명예보다 실리를 택했던 것이다. 세계문화유산 등재 취소로는 드레스덴이 세계 최초다.

드레스덴은 왜 이런 불명예를 택했을까? 그들의 과거에서 단서를 찾을 수 있다. 제2차 세계대전이 막바지에 이르렀을 무렵, 전 국토가 쑥대밭이 된 독일에서 유일하게 멀쩡했던 도시가 드레스덴이었다. 너무도 아름다운 이 도시에 연합군도 차마 폭격을 퍼부을 수 없었기에 독일인은 살기 위해 드레스덴으로 몰려들었고, 비록 가난하고 불안했지만 죽음의 공포에서 비켜난 삶을 영위할 수 있었다. 그러나 연합군은 전쟁 막바지 드레스덴에 무차별 폭탄을 퍼부었다. 하루 새 세 차례에 걸친 대공습으로 온 도시는 불바다가 되었고, 셀 수 없는 사상자가 발생했다. 공식적인 사망자

성모 교회 돔에 올라 바라본 엘베강과 드레스덴 도시 풍경

1 '강건왕'이라 불리는 작센 공국 아우구스트 2세가 지은 레지덴츠 궁전
2 궁전과 교회 등 역사적 명소가 몰려 있는 슐로스 광장

만 2만 5,000명. 그러나 붕괴한 건물에 매몰된 더 많은 사망자는 집계조차 하지 못했다고 한다. 사람들은 이날을 '드레스덴이 무너진 날'이라 불렀다. 독일 어디든 전쟁의 상처에서 자유로울 수 없지만 드레스덴이 유독 상처가 더 클 수밖에 없는 이유다.

어쩌면 신도시처럼 급팽창하는 드레스덴의 오늘날 모습은 이때의 상처를 극복하기 위함일는지 모른다. 과거의 아름다운 시가지를 되살리는 것뿐 아니라 독일을 넘어 유럽에서도 소문난 도시였던 그 명성을 되살리고 싶은 건 아닐까? 전쟁으로 희생된 사람의 수가 가장 큰 도시였기에 전통보다 사람의 편의를 더 우선하는 것이 아닐까?

어쨌든 드레스덴은 세계문화유산 취소라는 사건을 겪고도 옛 명성을 되찾았다. 구시가지의 복구가 거의 끝난 2000년대 중반 이후 독일에서 손꼽는 관광지가 되었다. 성모 교회Frauenkirche 복구가 끝나고 다시 문을 열자 모든 독일인이 자기 일처럼 감격했다고 한다. 성모 교회 외벽에 시커멓게 그을린 돌이 듬성듬성 보이는데, 전후 폐허 더미에서 비교적 형체가 온전한 잔해를 수습해 보관하였다가 복원 중 사용한 것이라고 한다. 그만큼 모든 시민의 정성을 담아 복원했으니 감격이 배가될 수밖에.

그렇게 하나둘 제자리를 찾아간 드레스덴은 상대적으로 발전이 더디었던 구동독 지역에서 오늘날 가장 살기 좋은 도시로 인정받고 있다. 드레스덴은 독일의 일반적인 리듬과는 조금 다르게, 그러나 그 핵심 철학은 간직한 채 상처를 극복하고 미래를 바라본다.

베를린
Berlin

한 나라의 수도는 그 나라를 대변한다.

그런데 베를린은 특이하다.

독일의 수도이지만, 독일의 여느 도시와 다르다.

동서독이 분단된 냉전 시절의 아픔을 치유하면서

베를린만의 특별한 컬러를 입혔다.

예술가들의 예술혼으로 다시 태어난 이 도시는

단연 독일 동부 여행의 중심이다.

세계에서 가장
이상한 수도

베를린 중앙역에 도착했다. 2006년 독일 월드컵을 위해 새로 단장한 최신 기차역은 유리창으로 뒤덮여 현대식 건축 경향을 대변했다. 기차역 밖으로 나서는 순간, 나는 잠시 당황했다. 심심치 않게 들리는 자동차 경적 소리, 깊이 들이마시기 어려운 살짝 탁한 공기는 지금껏 내가 만난 독일의 모습과는 달랐다.

베를린은 독일의 여느 도시와 다르다. 동화 속 풍경 같은 아기자기한 느낌이나 아날로그에 가까운 분위기가 없다. 수많은 사람이 바삐 오가는 메트로폴리스의 전형적인 분주함과 시끌벅적함이 가득하다. 일견 뒷골목의 삭막한 풍경도 스쳐 지나간다. 무엇보다 도시가 빠르게 변한다. 프랑크푸르트나 뮌헨 같은 대도시의 경우 현대인의 바쁜 일상이 펼쳐져도 도시의 변화는 더딘 편이다. 그리고 그것이 누적되어 전통으로 발현된다. 그런데 베를린은 이런 독일의 대도시와도 사뭇 결이 다르다.

다른 나라도 이처럼 수도와 나라의 경향이 다른 곳이 있을까? 모르긴 해도 나라의 성향을 정면으로 거스르는 수도는 아마 없을 것 같다. 베를린은 '세계에서 가장 이상한 수도'라고 해도 과언이 아니다.

베를린을 천천히 톺아보자. 우선 굉장히 크다. 면적으로 따져도 서울보다 훨씬 넓다. 그 방대한 면적에 관광지가 가득한데, 하나같이 스케일이 남다르다. 사두마차로 장식한 개선문 브란덴부르크문Brandenburger Tor, 황금빛 여신이 60m 이상 높이에서 내려다보는 전승기념탑Siegessäule, 압도적인 위압감을 주는 연방의회 의사당Bundestag, 눈이 어지러울 정도로 화려한 베를린 대성당Berliner Dom, 대형 박물관 다섯 곳에 최근 추가한 전시관까지 밀집한 초대형 문화단지 박물관섬Museumsinsel 등이 대표적이다.

이러한 옛 유적들은 하나같이 힘이 넘친다. 그럴 수밖에 없는 것이 브란덴부르크 문은 전쟁에 나가거나 돌아올 때 군대가 지나간 곳이고, 전승기념탑은 강대국과의 전쟁에서 차례로 승리한 뒤 이를 자축하며 세운 '국력의 상징'이다. 그런 막강한 힘을 뽐낸 이들이 바로 프로이센이다. 박물관섬은 왕실 소유 예술품과 보물을 전시할 목적으로 조성하였고, 대성당은 프로이센 왕의 무덤을 위해 만들었으니 그 위용이 오죽할까.

프로이센은 나폴레옹의 침략을 물리치고, 프랑스와의 보불전쟁에서 승리하여 프랑스 황제의 항복을 받아내고 영토를 빼앗은 강력한 국가였다. 독일의 역사상 가장 강력한 힘을 떨쳤고, 독일의 전신인 신성로마제국이 해체된 뒤 독일을 통일해 제국을 선포한 이들도 역시 프로이센이었다.

1. 황금빛 여신이 있는 60m 높이의 전승기념탑
2. 화려함의 극치를 보여주는 베를린 대성당

그중 하이라이트는 프로이센 왕실의 심장 베를린 궁전Berliner Stadtschloss
이다. 화려하지 않지만 거대하고 힘이 느껴지고 매우 웅장하다. 그런데 베
를린을 여행해 본 사람도 베를린 궁전을 모를 수 있다. 복원을 마친 게
2021년이기 때문. 베를린은 독일 분단 시절 완전히 허물어버린 프로이센
왕궁을 뒤늦게 되살리면서 겉모습은 오리지널에 충실하되 내부는 현대적
인 느낌을 융합하여 신구의 조화를 보여준다.

복원을 마친 베를린 궁전. 화려하지는 않지만 거대하고 웅장하다

구동독 시절에 세워진 높이 368m의
베를린 TV 타워

베를린 중심가인 알렉산더 광장Alexanderplatz에 368m 높이의 TV 타워
Fernsehturm가 있다. 베를린을 대표하는 관광지 중 하나라지만 참 주변 경
관과 안 어울린다. 그런데 사정을 들어보면 이해된다. TV 타워는 베를린
이 동서로 분단된 시절 구동독 정부가 만들었다. 그들은 서베를린에게
국력을 자랑하려고 일부러 높은 탑을 시가지 한복판에 세웠다. 그러고
보니 우리나라에서도 휴전선 부근에 남한과 북한이 자존심 싸움을 한답
시고 높은 탑을 짓는 소모전을 벌였던 기억이 있다. 그런 유치한 냉전의
자존심 싸움이 바로 베를린에서 펼쳐졌던 것이다.

구동독에서는 운터 덴 린덴 거리Unter den Linden도 의욕적으로 육성
했다. 구서독도 지지 않고 쿠어퓌르스텐담 거리Kurfürstendamm를 육성했

다. 쿠어퓌르스텐담 부근에 생긴 '서쪽의 백화점'이라는 뜻의 카데베 KaDeWe;Kaufhaus des Western는 '독일 소비의 1번지'라는 말을 들을 정도였다. 동서로 갈린 한 민족의 부질없는 경쟁심은 그렇게 베를린의 풍경을 어색하게 바꾸어버렸다.

동서의 분단은 생경한 풍경에 크게 한몫했다. 분단의 흔적이자 통일의 흔적인 베를린 장벽이 대표적이다. 독일 통일 후 수도의 중앙을 가르는 흉물인 베를린 장벽은 철거되었지만, 그중 일부 구간은 일부러 남겨 기념관으로 만들었다. 베를린 장벽 기념관Gedenkstätte Berliner Mauer이 대표적이다.

베를린 장벽 기념관은 넓은 부지에 베를린 장벽의 잔해뿐 아니라 여러 역사적 배경 자료를 충실히 전시하고 있다. 무너지지 않은 채 보존된 장벽의 길이는 총 60m 정도. 그리고 장벽이 무너진 자리에도 표시를 해두어 원래 장벽이 어떻게 동서를 갈랐는지 쉽게 유추할 수 있다. 자료가 전시된 주변 공간은 녹음이 우거진 공원처럼 보이지만, 사실 이곳이 구동독 수비대가 삼엄하게 감시한 순찰로였다. 그러니까 지금 여행자들이 평화롭게 걸어 다니는 이 길이 분단 시절에는 총칼로 무장한 수비대가 장벽을 넘어 탈출하는 사람을 잡으려 오가던 살벌한 길이었다.

베를린 장벽 기념관 길 건너편에 기록의 전당Dokumentationszentrum이라는 이름의 전시관도 있다. 더 많은, 그리고 상세한 자료를 무료로 공개하는 박물관이다. 기록의 전당 옥상에 오르면 장벽과 그 너머 순찰로, 감시탑 등이 한눈에 들어온다. 분단 당시의 실제 모습이다. 한편으로는 살벌하

1 냉전의 상징 베를린 장벽에 그린 벽화 갤러리
2 번화가에 남아 있는 베를린 장벽

지만 한편으로는 초라하다. 이런 초라한 장벽 따위가 수십 년간 한 민족을 갈라두었다는 것에 헛웃음이 난다.

박물관에는 교사의 인솔하에 무리 지어 다니는 학생들이 곳곳에 보였다. 그 모습을 보면 독일의 현대사 박물관은 남에게 보여주기 위한 시늉이 아니라 스스로가 돌아보기 위한 반성이라는 것을 다시 한번 느끼게 된다. 아마 저 학생들은 통일 이후에 태어난 세대일 것이다. 자신들이 태어나기 전에 이미 철거된 장벽을 다시금 돌아보면서 반성을 대물림하게 될 것이다. 모름지기 교육의 목적이 그런 것 아니던가.

살벌한 냉전의 현장에 채색한 평화는 베를린에 개성적인 에너지를 공급하였다. 오늘날 예술가, 디자이너, 건축가들에게 가장 '핫 한' 도시가 베를린이다. 그들은 베를린을 '제2의 뉴욕'이라 부르며 동경한다. 도시 곳곳에서 예술가의 자유로운 창작이 흘러넘치기 때문이다. 이것은 베를린의 '고의'의 결과물이다. 통일 이후 베를린은 철거된 장벽 주변을 중심으로 시가지를 새로 계발했다. 그 과정에서 통일의 상징성을 극대화하고자 다양한 예술가와 건축가를 초빙해 예술혼을 불태우도록 했다.

중앙역과 연방의회 의사당도 대표적인 장소다. 최근 트렌드인 친환경을 살려 자연 채광이 지하까지 도달해 전력 사용을 최소화하도록 만든 중앙역은 십자 모양으로 교차하는 유리 건물의 유려한 외관만으로도 상당히 눈에 띈다. 프로이센의 힘을 상징하는 연방의회 의사당은 통일 후 복원되는 과정에서 원래 없던 유리 돔을 추가하여 과거와 현재의 느낌을 섞는

재주를 부렸다.

그 외에도 다양한 예술가들이 시대와 주제에 맞춰 저마다의 영감을 아낌없이 베를린에 투영한 덕분에 원래부터 존재했을 독일의 상징은 많이 퇴색할 수밖에 없었다.

베를린의 별명은 '회색 도시'다. 아마 오래전 베를린을 찾았던 사람이 늘 찌푸린 하늘을 보고는 회색 도시라는 별명을 지어 국내에 소개했던 모양이다. 내가 보기에도 베를린은 회색 도시다. 흰색도 검은색도 아닌, 독일도 유럽도 아닌 그 경계 어딘가에 미묘하게 겹치는 베를린만의 색상이 시가지 곳곳에 가득하다. 몇 차례 베를린을 찾을 때마다 그 회색의 느낌은 항상 다른 톤으로 변주되곤 했다. 지금도 끊임없이 변모하고 있는, 현대적 가치를 마음껏 시가지에 투영하고 있는, 제3세계적 느낌이 가득한, 그런 베를린의 '회색성'은 마치 살아 숨 쉬는 생물처럼 계속 변화하고 있다.

세계에서 가장 이상한 수도 베를린에서 독일을 발견하기는 힘들었다. 하지만 세계 어디를 뒤져도 유사한 사례를 찾을 수 없는 '베를린 그 자체'를 발견할 수 있었다. 그렇게 생각하면 베를린은 그냥 도시 자체가 박물관이라고 해도 되겠다.

독일에서 베를린만 가는 것은 독일을 전혀 보지 못하고 오는 것이다. 그러나 독일에서 베를린을 가지 않는 것은 유일무이한 박물관을 보지 못하고 오는 것이기도 하다. 이래저래 베를린은 참으로 이상한 수도로 기억된다.

PART
04

독일 북부

중세 독일의 부유한 도시들은 연합을 맺고

황제도 부럽지 않은 권력을 가졌다.

한자동맹으로 맺어진 이 강력한 연합체는

수백 년간 유럽의 해상권을 쥐락펴락했다.

그 중심에 뤼베크가 있다.

한자동맹의 여왕,
레전드가 되다!

　중세 국가의 권력자는 황제 또는 왕이었다. 신성로마제국에서도 황제가 있었고, 지방마다 실질적인 권력을 가진 영주 또는 제후가 있었다. 봉건주의 사회에서 이러한 권력은 선택받은 가문에서 폐쇄적으로 대물림되고 민중의 자유를 제한하는 것이 일반적인 특징이다. 그런데 봉건사회인 중세 독일에서 나타났던 특이한 별종 집단이 있었으니, 그것이 바로 14세기경부터 크게 융성한 한자 리그Hanseatic League, 즉 한자동맹이다.

　한자동맹은 도시들의 연합체였다. 여기에 포함되는 도시들은 직접적으로 국가를 세우지는 않았지만, 신성로마제국 및 지방 국가의 통치를 거부하고 스스로 독립한 자유 시민국가나 마찬가지의 개념이었다. 이들은 권력자에게 납세하지 않았고, 그 대신 권력자들의 군사적 보호에서도 열외 되었다. 그래서 스스로를 지키기 위해 각각의 도시들이 동맹을 이루어 연합체로 발전하게 된 것이다. 무역과 상거래에 기반을 둔 물질적 풍요 덕

1 한자동맹의 여왕으로 불렸던 뤼베크의 상징 홀슈텐문
2 뾰족한 첨탑으로 지붕을 장식한 뤼베크 시청사

분에 스스로를 방어할 군사력도 보유할 수 있었고, 서로 연합하여 발언권을 높여 독일은 물론 영국, 네덜란드, 북유럽 등 다른 나라와도 대등한 위치에서 거래하며 이득을 취할 수 있었다.

당시 강력한 힘을 떨친 한자 도시 중에서도 뤼베크는 '한자동맹의 여왕'으로 불리며 가장 강력한 중심 도시로 발전하였다. 뤼베크는 독일 북부의 트라베강Trave 하구 항구도시로서 북해와 발트해 양쪽으로 진출이 쉬운 지리적 이점 덕분에 일찍이 무역이 크게 성행하였다.

항구도시로 번영을 누리던 뤼베크를 느낄 수 있는 트라베강 풍경

뤼베크 구시가지는 강 위의 섬에 만들어졌다. 서울에 비유하면 여의도 같은 하중도河中島에 시가지가 발달한 셈이다. 중앙역에 내려 강을 건너 구시가지로 들어서면 육중한 홀슈텐문Holstenstor이 정면으로 보인다. 원래 강변을 따라 놓여 있던, 구시가지의 출입문이었던 곳이다. 지금 성벽은 남아 있지 않지만 홀슈텐문은 원래의 모습을 유지하며 관문 노릇을 톡톡히 하고 있다. 그 육중한 몸집을 보고 있노라면 과거 뤼베크의 견고한 방어벽을 느낄 수 있다. 국가에서 보호해 주지 않는 부자 도시를 호시탐탐 노리는 세력이 얼마나 많았겠는가. 그 위협으로부터 스스로를 지켜낸 '한자 동맹 여왕'의 힘을 홀슈텐문이 역설한다.

홀슈텐문을 지나 구시가지로 들어서면, 오늘날에도 현지인들이 북적거리는 번화가가 펼쳐진다. 홀슈텐문뿐만 아니라 구시가지의 역사적인 건물들 모두 번듯하게 과거의 영광을 증명한다. 특히 북부 독일에서 주로 볼 수 있는 붉은 벽돌로 지어진 고딕 양식의 건물들이 인상적이다. 그리 크지 않은 구시가지 곳곳에 하늘 높게 솟아오른 붉은 벽돌들은 뤼베크만의 독특한 스카이라인을 만든다.

건물들은 붉은 벽돌이라는 같은 재료를 사용했지만 외양은 몹시 다양하다. 첨탑의 높이가 무려 125m에 달하는 성모 마리아 교회St. Marienkirche가 전형적인 고딕 양식이라면, 다섯 개의 탑이 솟은 성령 양로원Heiligen-Geist-Hospital은 직선이 주를 이루는 고딕 양식을 활용하여 비대칭의 새로운 느낌을 창조해 냈다. 이 외에도 성 페트리 교회St. Petrikirche, 대성당Dom zu Lübeck, 성 야콥 교회St. Jakobikirche 같은 붉은 벽돌을 하늘 높이 쌓아 올려

지은 건물이 비슷한 듯 다른 매력으로 다가온다.

붉은 벽돌 건물 사이에서 유독 튀는 검은 벽돌의 시청사도 빼놓을 수 없는 뤼베크의 자랑이다. 뾰족하게 솟은 탑은 한자 도시의 시청사에서 공통으로 나타나는 특징이고, 매끈한 검은 벽돌의 외관은 상당히 고급스럽다.

한자동맹은 16세기가 지나면서 서서히 막을 내린다. 신항로가 개척됨에 따라 유럽 무역의 중심이 바뀌었기에 어쩔 수 없는 결과였다. 한때 100여 개 도시의 연합체였던 한자동맹은 자연스럽게 해체되었고, 많은 한자 도시들은 주변 공국에 편입되어 대공이나 제후의 통치 아래 놓이게 된다.

하지만 뤼베크는 끝까지 특정 공국에 속하지 않고 독자적인 도시로서 자존심을 지켰다. 20세기 초까지도 스스로를 보호하며 전통을 유지할 능력이 있었다. 아마도 뤼베크의 역사상 유일하게 스스로를 지키지 못했던 시기는 제2차 세계대전뿐일 듯싶다. 이 시기를 즈음하여 자유도시의 지위를 상실하였고, 전쟁의 피해 또한 실로 컸다.

프로 스포츠 세계에서 한 시대를 풍미한 슈퍼스타가 자신의 전성기가 지난 후에도 꾸준한 실력과 성적을 보여준다면 우리는 그를 '레전드'라고 부른다. 뤼베크는 한자 리그의 레전드다. 여왕이라 불리던 전성기는 끝났지만 그 강력한 힘과 전통은 20세기에 이르도록 오래 계승되었으니, 뤼베크는 레전드라 불릴 자격이 있다.

브레멘은 동화 같은 풍경을 가진 도시다.
<브레멘 음악대> 동화의 배경이 된 이곳은
지금도 동화 같은 분위기를 유지한 채
번영하던 중세의 모습을 한껏 자랑한다.
시민들의 지혜로 수호성자를 지켜낸
동화 같은 이야기도 흥미를 돋운다.

수호성자를 지켜낸
역설의 미학

　브레멘 도심 곳곳에는 그림 형제의 동화 〈브레멘 음악대Die Bremer Stadtmusikanten〉의 네 주인공이 가득하다. 주인에게 버림받은 늙은 당나귀, 개, 고양이, 닭이 유랑 악단을 만들어 브레멘을 향해 가다 도둑이 사는 집을 발견하고는 네 마리의 동물이 올라타고 소리를 질러 도둑을 퇴치하고는 그 집에서 행복하게 잘 살았다는 이야기이다.

　우리가 〈흥부놀부전〉을 모두 알고 있듯 독일인이라면 〈브레멘 음악대〉를 모두 알고 있다. 브레멘이 그런 유명한 동화의 배경이 되었으니 음악대의 네 친구들을 극진히 대접하는 것은 매우 자연스럽다.
　그런데 잠깐! 이야기를 자세히 뜯어보자. 〈브레멘 음악대〉의 네 주인공은 브레멘을 향해 길을 떠나다가 도중에 자신들이 살 곳을 구해 행복하게 살았다고 마무리된다. 즉, 그들은 브레멘에 도착하지 않은 것이다. 동화 속 주인공들은 브레멘에 도착하지 못했거늘, 지금의 브레멘에는 동화 속 주인공들로 가득하니 이런 역설이 어디 있단 말인가. 하지만 누구도 이들이 브레멘에서 웃고 있는 것을 어색하게 여기지 않는다. 오히려 그 반대로 이들의 흔적을 더 열심히 쫓는다. 이것 참 귀여운 역설의 미학이다.

그렇다면 생각해 보자. 주인공들이 브레멘에 도착할 것도 아니었으면서 왜 〈브레멘 음악대〉라고 했을까? 어차피 부자 도시로 가는 도중 어딘가에서 행복하게 사는 것으로 마무리할 예정이었다면 〈베를린 음악대〉〈함부르크 음악대〉〈뮌헨 음악대〉도 가능한 것 아닌가. 그림 형제를 붙들고 물어보지는 못했으니 이것은 어디까지나 내 추측이지만, 그 당시 브레멘이 워낙 부유하고 발전된 도시였기 때문에 자연스럽게 '가난한 이들의 이상향'으로 설정된 것이 아닌가 생각해 본다.

실제로 브레멘은 매우 부강한 도시였고, 지금도 매우 부강한 자유도시다. 자유도시란, 특정 주州에 속하지 않는 특권을 가진 도시인데, 독일에 함부르크와 브레멘, 둘뿐이다. 일찌감치 독일 최대의 항구도시로 큰 발전을 이룬 함부르크와 어깨를 나란히 하는 도시가 브레멘이라는 뜻이다.

함부르크가 엘베강 하구 항구도시로 무역이 성행한 것처럼, 베저강 Weser 하구에 자리한 항구도시 브레멘 역시 무역이 성행했다. 한자동맹의 주요 도시 중 하나였으며, 일찌감치 상공업이 발달하여 막대한 부를 움켜쥔 소위 '부자 동네'였다. 그러면서도 도시 규모가 대도시 급으로 커지지는 않았기 때문에 구시가지가 유독 호화롭게 발전할 수 있었다. 독일에서 가장 유명한 맥주 중 하나인 벡스Beck's도 브레멘 태생이다. 이쯤 되면 버림받은 가난한 동물들이 무작정 찾아간 부자 동네가 브레멘이라는 것이 설득력 있지 않은가?

바로 이 부자 동네인 브레멘의 구시가지를 찾았다. 화려한 르네상스 양식의 시청가 있는 마르크트 광장은 구시가지의 중심이다. 〈브레멘 음악대〉의 네 주인공이 차례로 올라탄 모양의 청동상도 시청사 옆에 있다. 마치 동화 속 주인공들이 브레멘의 중심까지 무사히 도착했다는 뉘앙스를 풍기는 것 같아 미소가 그려진다.

시청사를 마주 보고 있는, 그런데 시청사보다 더 화려하게 번쩍이는 쉬팅Schütting이라는 상인들의 길드홀은 부유한 도시의 흔적을 가장 정확하게 보여준다. 쉬팅의 출입문에는 'Buten un Binnen / Wagen un Winnen'이라고 적혀 있는데, 이것은 '밖과 안, 도전과 승리'라는 뜻이다. 무역을 통해 더 넓은 세상에 도전하고 성공하고자 하는 그들의 철학을 너무도 분명하게 함축하는 구호인 듯싶다.

부유한 수공업자들이 모여 공방을 이루었던 뵈트허 거리Böttcherstraße, 상인과 어부 등이 모여 살던 품격 있는 주택가 슈노어 지구Schnoorviertel 등은 이러한 브레멘의 부유함을 간직하거나 다시 복원한 뜻깊은 장소들이다.

브레멘의 역설의 미학은 또 있다. 시청사 앞에는 칼과 방패를 든 커다란 동상이 있다. 브레멘뿐 아니라 독일 여러 도시의 시청사 앞에 있는, 도

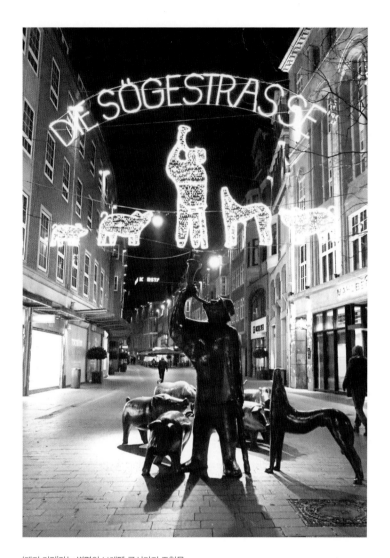

'돼지 거리'라는 별명의 브레멘 구시가지 조형물

마르크트 광장에 있는 동화 〈브레멘 음악대〉 동상.
맨 아래 당나귀 앞발을 만지며 소원을 빌면 이루어진다고 한다

1 시민들의 지혜로 지켜낸 수호성자 롤란트
2 마르크트 광장에 우뚝한 브레멘 대성당

시의 수호성자로 세워진 롤란트Roland 동상이다. 오늘날 롤란트가 온전한
모습으로 남아 있는 도시가 여럿 있지만, 브레멘처럼 크고 정교한 롤란트
는 보지 못했다. 브레멘의 수호성자는 유네스코 세계문화유산으로 등록
되어 있는 귀한 몸이다.

  그런데 보통 롤란트는 시청 앞에 서서 광장 쪽을 바라본다. 그래야 도
시를 향해 쳐들어오는 적으로부터 도시를 지켜줄 것 아닌가. 하지만 브레
멘의 롤란트는 시청의 오른쪽을 바라보고 있다. 거기에는 높은 첨탑을 가

진 브레멘 대성당Dom St. Petri이 있다. 일찌감치 신성로마제국의 보호를 탈피하여 자유도시로서 독자적인 성공을 이룬 브레멘 시민들에게, 신성로마제국의 영향을 받는 주교가 머무는 대성당은 자신들의 권리를 침해하는 위협 세력으로 여겨졌던 모양이다. 롤란트는 대성당을 마주하여 칼과 방패를 들고 도시를 시킨다.

역설적인 것은 수호성자 롤란트가 도시를 지키지 못했지만, 대신 시민들이 수호성자를 지켜주었다. 19세기 초 나폴레옹 군대가 브레멘까지 진주했을 때 나폴레옹은 롤란트를 프랑스로 가지고 가려 했다. 이런 식으로 약탈한 문화재가 지금 루브르 박물관을 채우고 있는 보물들이리라. 하지만 브레멘 시민들은 기지를 발휘했다. 그들은 어째서 롤란트가 역사적 가치가 없고 허접하고 못생긴 돌덩이에 불과한지를 설파했다. 흥미가 떨어진 나폴레옹은 롤란트를 내버려두었고, 롤란트는 원래 자신이 있어야 할 자리에 그 모습 그대로 있을 수 있었다. 수호성자가 도시를 지켜준 것이 아니라 시민들이 수호성자를 지켜준 동화 같은 이야기, 미소가 그려지는 귀여운 역설의 미학이 브레멘을 수놓는다.

슈베린
Schwerin

독일이라는 국가가 탄생하기 직전

1800년대 초중반은 독일이 가장 뜨거운 시기였다.

앞선 시대의 성취에서 영감을 얻은 새로운 성취가

독일 전역에 퍼졌다. 이것을 역사주의라 부른다.

독일이 작정하고 멋을 부려 만든 슈베린은

독일 역사주의의 메카다.

독일이 작정하고
멋을 부리면

　　슈베린은 육지보다 호수가 차지하는 면적이 더 넓은 도시다. 마치 휴양지처럼 고즈넉한 풍경이 펼쳐지는 이곳은, 중세 시대에 메클렌부르크 공국 대공의 거성이 있었다. 하지만 30년 전쟁 등 세월의 한파를 그대로 맞으며 쇠락하고 말았다.

　　1800년대 들어 슈베린에서는 낡은 성을 허물고 기념비가 될 만한 새로운 궁전을 만들기로 했다. 딱히 궁전이 필요한 건 아니었다. 옛 군주가 다스린 역사를 기념하면서 랜드마크가 될 만한 새로운 건축물을 만들고, 도시 전체를 업그레이드하려는 시도였다. 그 중심에는 슈베린 궁전Schloss Schwerin이 있다.

　　슈베린은 프랑스 샹보르성Château de Chambord을 롤모델로 삼았다. 레오나르도 다빈치가 설계에 참여했을지 모른다는 말이 있을 정도로 프랑스 르네상스 건축의 최고봉으로 꼽히는 궁전에서 영감을 얻어 입이 떡 벌

호수에 떠 있는 듯한 슈베린 궁전

어지는 근사한 궁전이 탄생했다.

흔히 독일이 주는 이미지는 화려함보다 실용이 우선한다. 일부러 멋을 부리기보다는 그 쓸모와 목적, 시대 정신을 구현하는 것에 더 비중을 둔다. 그런데 슈베린 궁전은 예외다. 애당초 권력자가 어떤 쓸모를 가지고 만든 궁전이 아니라 기념비적인 건축물로서 한창 피어나는 국력을 담아 만들었기에 안팎에 화려함이 넘쳐 흐른다. 마치 독일도 작정하고 멋을 부리면 이런 성취가 가능하다는 것을 온몸으로 보여주는 것 같다.

옛 군주의 거성은 슈베린 호수에 떠 있는 둥근 섬에 있다. 호수가 '천연 해자'라고 해도 어색하지 않은 위치에 슈베린 궁전이 세워졌다. 궁전의 면적은 섬의 면적과 거의 일치한다. 그래서 호반에서 바라보면 마치 호수 위에 떠 있는 것처럼 보인다. 궁전을 지으려고 일부러 인공 섬을 만들기라도 한 듯 절묘한 조화를 부린다.

슈베린 궁전의 가장 큰 아름다움은 화려하고 품격 있는 건물의 외관만이 아니다. 넓은 호수, 그 주변에 형성된 정원을 포함한다. 호수 위에서 요트나 조정 등 레저를 즐기며 자연의 일부가 되는 현지 시민들까지 모두가 함께 호흡하는 모습이 가장 아름답다.

정원은 슈베린 궁전이 사리 잡은 섬의 나머지 공간에도 있고, 섬 밖 육지에도 있다. 섬 밖의 정원 슐로스 정원Schlossgarten에서는 성과 호수가 함께 바라보이는 풍경이 아름답다. 섬 안의 정원 부르크 정원Burggarten은 정교한 조각이나 인공 동굴, 그리고 기하학적인 무늬로 가꾼 꽃나무 등이 탁 트인 호수를 바라보며 조성되어 풍경이 아름답다.

슈베린 궁전 내부는 오늘날 메클렌부르크포어포메른 주의회가 사용하고 있다. 그리고 나머지 공간은 옛 성의 내부 모습을 그대로 보존하여 보물과 무기 등을 함께 전시하는 박물관으로 공개한다. 의회 의사당이기 때문일까? 상당한 위엄이 궁전 내부에 흐른다. 단지 금빛 찬란한 옛 권력자들의 공간을 보며 하는 말이 아니다. 통로나 계단조차도 엄숙한 분위기가 고스란히 느껴진다. 그래서 박물관이 아니라 진짜 궁전에 들어온 것 같은 느낌이 든다.

슈베린 궁전 내부에서 사진을 찍으려면 입장권과 별도로 사진 촬영권을 구매해야 한다. 촬영권을 구매하면 스티커를 주는데, 이것을 몸에 붙이고 다녀야 한다. 남세스럽게 옷에 스티커를 붙이기 싫어서 그냥 카메라 스트랩에 붙였더니, 내부의 관리 직원을 마주칠 때마다 촬영권을 확인한다.

1 화려하기 그지없는 슈베린 궁전의 부르크 정원
2 호수 건너편에서 바라본 슈베린 궁전

두어 시간의 내부 관람 내내 족히 10여 차례 확인을 받았던 것 같다. 그중 백발이 성성한 할머니 직원은 껄껄 웃으며 "가슴팍에 붙여야 한다"라고 몸짓을 한다. 어디다 붙이든 무슨 상관이겠느냐마는, 이런 식으로 규칙을 까다롭게 준수하는 내부 규율이 방문자에게까지 전해진다.

슈베린 궁전은 '북쪽의 노이슈반슈타인성'이라는 별명으로 불리며 관광지로 인기가 높다. 하지만 한국인 여행자에게는 덜 알려진 편이다. 전혀 이해할 수 없는 것은 아니다. 독일 북쪽에 치우쳐 있는 슈베린은 일부러 찾아가지 않는 이상 근처를 지나칠 일도 없는 변방이기 때문이다. 하지만 그렇게 모르고 넘어가기에는 한 폭의 그림 같은 아름다운 궁전이 너무 아깝다. 호수를 배경으로 서 있는, 호수 위에 떠 있는 것 같은 슈베린 궁전의 모습은 정말 아름답다.

독일에서 작정하고 멋을 부리면 이런 아름다움을 만들 수 있다는 것을 보기 위해, 1800년대 초중반 독일을 뒤덮은 역사주의 물결의 우수한 사례를 확인하기 위해, 진짜 궁전에 들어온 것처럼 우아한 품위가 넘치는 공간의 분위기를 탐닉하기 위해, 슈베린은 그렇게 일부러라도 찾아갈 만한 변방이다. 드넓은 청정 호수가 선사하는 시각적 즐거움은 변방까지 일부러 찾아온 여행자에게 주는 보너스다.

볼프스부르크
Wolfsburg

자동차를 향한 독일인의 애정은 상상을 초월한다.

판매자와 구매자 모두 자동차에 진심이다.

비록 나치의 주도로 '국민차'가 시작되었지만,

나치를 청산하자 진짜 '국민차'가 찾아왔다

독일 자동차의 과거와 현재, 미래를 마나는

이곳은 '자동차의 도시'다.

자동차의 도시에 가다!

　아우토슈타트Autostadt. 독일의 '국민차' 폴크스바겐(폭스바겐)에서 만든 자동차 박물관 이름이다. 아우토슈타트를 직역하면 '자동차의 도시'라는 뜻이다. 이곳은 박물관이라고 하기에는 너무 크다. 폴크스바겐의 역사는 물론, 모든 산하 브랜드의 파빌리온과 고객센터, 신차 인수장 등을 갖춘 복합 테마파크라고 하는 편이 옳겠다.

　아우토슈타트는 폴크스바겐 본사와 공장이 있는 볼프스부르크에 있다. 볼프스부르크는 단 한 번도 독일 역사의 전면에 나선 적이 없는 소도시였다. 그냥 시골 마을에 불과한 이곳에 나치가 자동차 공장을 세웠고, 모든 국민이 자동차를 몰고 다니도록 하겠다는 모토로 '국민차(폴크스바겐)'라고 이름 붙였다. 나치의 올바르지 못한 과거를 청산하고 나자 '국민차' 철학은 독일의 자부심이 되었다. 덕분에 지금 볼프스부르크는 자동차 공장 하나가 도시 전체를 먹여 살리는 것으로도 모자라 관광객까지 불러

모으고 있다.

아우토슈타트에서 가장 먼저 갈 곳은 차이트하우스Zeithaus다. 직역하면 '시간의 집'이라는 뜻. 폴크스바겐이 만들어진 이후 생산된 주요 자동차들을 시대별로 정리해 진열한 박물관이다. 과연 클래식 자동차는 묘한 향수가 있다. 전후 분단된 독일을 누볐을 자동차들이 다소곳하게 줄지어 있다. 자동차 모델명과 연식, 재원 등의 설명은 독일어로 안내된 것이 다소 아쉽지만, 지금도 후세대 모델들이 굴러다니는 골프나 폴로 등의 옛날 모델은 굳이 설명이 없어도 흥미롭게 볼 수 있다.

특이한 것은 이 역사적인 전시물을 대하는 독일인의 시각이다. 전시된 자동차 중간에 레스토랑 테이블이 있다. 사람들은 전시된 클래식 자동차를 보면서 식사를 한다. 우리나라 같으면 음식 냄새나 위생 때문에 시도하기 어려울 것이다. 그러나 이들은 이 공간이 단지 전시품 감상에 그치는 것이 아니라 또 다른 재미와 볼거리가 있는 공간으로 꾸몄다. 클래식 자동차를 보면서 식사를 하는 이색 체험도 할 수 있게 했다.

차이트하우스에서 역사적인 자동차들을 구경했다면 다음은 현재 시판 중인 오늘날의 자동차를 구경할 차례다. 폴크스바겐은 포르쉐, 아우디, 세아트, 스코다, 람보르기니 등 수많은 브랜드를 산하에 운영하고 있다. 각 브랜드의 파빌리온이 하나씩 아우토슈타트 내에 개설되어 자동차를 전시하고 있다.

1 폴크스바겐 파빌리온 내부 전시 2 실외 공간에 전시된 클래식카

그뿐이 아니다. 파빌리온은 자동차 전시는 기본이고, 궁극적으로는 해당 브랜드의 경영 철학을 방문자들에게 알리고 홍보하는 현장으로 사용된다. 어떤 마음가짐으로 자동차를 만들고, 특히 최근의 이슈인 친환경에 대하여도 어떻게 진지하게 접근하고 있는지, 브랜드마다 다른 관점으로 접근하며 친절하게 알려주고 있다.

'자동차의 도시' 아우토슈타트의 주인공은 결국 자동차다. 아우토슈타트의 상징이나 마찬가지인 원통형의 카 타워Autotürme가 온전히 자동차를 위한 공간이라는 것이 그것을 증명한다. 쉽게 짐작하기 어려운 거대한 유리 타워의 용도는 출고를 기다리는 자동차가 대기하는 주차장이라고 한다. 아우토슈타트에서 가장 크고 가장 상징적인 건물이 온전히 자동차를 위한 공간이라는 뜻이다. 오히려 이곳에 사람이 들어가려면 별도의 입장료를 내고 전용 리프트를 탄 채로 건물 내를 불편하게 떠다녀야 한다.

1 아우토슈타트의 상징 카 타워
2 신차를 인수하는 공간을 문화 공간으로
변신시킨 차이트하우스

사실 아우토슈타트의 출발은 매우 간단했다. 신차를 구매한 사람들이 차량을 인수하려고 직접 공장에 들르는 것은 독일에서 매우 흔한 풍경이다. 그런데 폴크스바겐에서는 공장만 덩그러니 있는 황량한 볼프스부르크에 고객들이 찾아오는 것이 몹시 부담스러웠던 모양이다. 그래서 가족을 데리고 와서 하루 종일 놀다가 신차를 인수해 기분 좋게 돌아가시라고 공장을 문화 공간으로 변신시켰다. 그것이 아우토슈타트다.

그러니 아우토슈타트의 주인공은 사람이 아니라 자동차가 확실하다. 그렇기 때문에 자동차에 대한 무한한 애정이 넓은 테마파크 전체에 가득하다. 이방인의 시선으로 보기에도 이런 애정과 철학을 가지고 만들어진 독일 차가 세계에서 명차로 대접받는 것을 쉽게 수긍하게 된다. 그렇다. 여기는 진짜 '자동차의 도시'가 맞다.

2

3

1 차이트하우스에 전시된 클래식카
2 포르쉐 파빌리온 내부 전시물
3 폴크스바겐 파빌리온 외관

첼레
Celle

독일의 동화 같은 마을을 완성하는 것은
아기자기한 목조 주택이 어울려 만든 골목 풍경이다.
지어진 시기에 따라 색도 모양도 제각각인 건물들이
한데 어울려 동화 속 마을 같은 풍경이 된다.
나무로 만든 하프팀버 주택이 골목을 가득 채운 첼레.
이곳은 지금도 현지인들의 삶의 터전인
실재하는 동화 속 마을이다.

나무로 지은 동화마을

독일 여행과 관련해 가장 많이 언급되는 표현이 '동화 같은 마을'일 것이다. 큰 도시와 작은 도시를 가리지 않고 구시가지를 최대한 원래 모습 그대로 보존하고 있는 독일이기에 가능한 미사여구다. 특히 이런 아기자기함을 연출하는 것에는 목조 건축물이 크게 일조한다. 지금도 놀이동산에서 동화 속 마을을 재현하거나 동화책에 삽화를 그린다고 하면 십중팔구 목조 주택이 등장한다. 그 동화라는 것에 어떤 실체가 있는 것은 아니겠지만 우리 머릿속에서 '동화 속 마을'이라고 하면 자연스럽게 떠오르는 이미지가 그렇기 때문 아닐까?

독일은 '동화 같은' 풍경을 보러 가기에 좋다. 이 분야에 있어서는 세계에서 따라올 경쟁자가 없다고 생각한다. '숲의 민족'이라 불린 게르만족은 쉽게 나무를 구해 뚝딱 건물을 만들어냈고, 건물 하나하나가 모여 골목이 되고, 동네가 되고, 도시가 되었다. 나무로 건물의 골격을 만들고 나머지

하프팀버 건축이 줄지어 있는 칠너 거리. 첼레는 현실에 존재하는 동화마을이다

는 흙 등으로 채우는 이러한 건축양식을 반목조 건축, 하프팀버Half-Timber 라고 부른다.

하프팀버는 어려운 기술을 요구하지 않는다. 높은 미적 감각을 요구하지도 않는다. 다만 하프팀버는 화재와 지진에 취약해 오랜 세월 버티는 게 쉬운 일은 아니다. 그런 면에서 첼레는 특별하다. 아마 독일에서 하프팀버 양식의 주택들이 가장 온전히, 그리고 가장 많이 보존된 도시가 바로 첼레일 것이다. 중심 광장이나 일부 거리에 하프팀버 건축이 군집한 도시는 여럿 있지만, 아예 구시가지 전체가 하프팀버로 도배된 도시는, 적어도 내가 다녀본 곳 중에서는 첼레가 유일하다. 여기는 하프팀버의 천국이다.

첼레는 동화 같은 마을이지만, 동화는 없다. 하프팀버가 가득한 첼레의 구시가지는 동화의 배경이 될 만도 한데, 첼레를 배경으로 한 동화는 없다. 첼레의 동화 같은 마을은 그저 현지인들의 생활 터전이다. 전통을 보여주기 위해 가공된 민속촌이 아니라 여전히 전통가옥에서 일상을 영위하는 현지인들의 삶의 공간이다.

첼레 구 시청사부터 시작되는 췰너 거리Zöllnerstraße는 동화마을을 대표하는 장소다. 거리의 좌우편에 빽빽하게 들어선 건물은 모두 하프팀버 양식으로 지어졌다. 건물마다 건축 연도가 약간씩 차이가 있어 모양과 색상 등이 미묘하게 다르지만, 서로 똑같은 높이로 늘어서 조화를 이루고 있다. 한 층 높아질 때마다 건물이 앞으로 튀어나오는 하프팀버의 전형적인 구조에 뾰족한 지붕의 박공이 더해져 언밸런스하면서도 아름다운 거리의

평범한 옷 가게로 변신한 칠너 거리에서 가장 오래된 건물

풍경을 만든다.

췔너 거리에 자리한, 일일이 세어보기 힘들 정도로 많은 옛 목조 주택들은 지금도 사람이 살거나 상점이 영업 중이다. 수백 년 전 지어진 건물을 현대식 쇼윈도가 갖추어진 의류 상점이나 마트, 쇼핑몰로 탈바꿈시켰다. 밖은 고풍스런 목조 건물처럼 보이지만, 내부는 현대식으로 개조해 생활의 편의성을 높였다. 건물의 안과 밖에 전혀 다른 시대가 펼쳐지는 광경은 매우 흥미롭다.

첼레 구시가지 건물의 귀여운 간판

췰너 거리뿐 아니다. 그로서 플란 광장Großer Plan, 그리고 두 장소를 연결하는 골목 사이사이에도 하프팀버 주택들은 줄지어 늘어서 있다. 간혹 이보다 나중 시대의 건물이 드문드문 사열에 끼어드는데, 후대에 지어진 건물은 마치 치아 중간에 금니가 있는 것처럼 서로 어울리지 않고 어색하게 뵌다.

첼레를 한 문장으로 정리하면, '나무로 만든 도시'라고 할 수 있겠다. 정처 없이 골목을 떠돌다 보면 이 건물 저 건물이 서로 구분되지 않고 하나의 건물처럼 조화를 이루고 있다. 말 그대로 동화 속에서나 봄직한 마을 풍경을 연출한다. 독일을 대표하는 하프팀버 건축의 천국이 눈앞에 펼쳐져 여행자를 행복하게 한다.

한 가지 재미있는 점은, 이렇게 멋진 마을을 만든 옛 독일인들이 이탈리아의 석조 주택을 부러워했다는 것이다. 기후가 좋고 풍요로운 이탈리아에서는 역사 이래 돌을 이용해 반듯하게 건물을 지었다. 하지만 기후적으로 그럴 여건이 되지 못하는 독일인들에게는 '돌로 만든 도시'가 일종의 이상향이었던 모양이다.

그러나 여행자 입장에서는 이탈리아 주택을 부러워한 옛 독일인들의 마음은 안중에도 없다. 척박한 환경에 맞춰 갈고닦은 손재주로 만든 '나무로 만든 도시'의 매력은 쉽게 여행자를 놓아주지 않는다. 동화 속 마을 같은 풍경은 하염없이 거리를 거닐게 하고 행복하게 만든다.

고슬라르
Goslar

독일의 정체성을 말하는 도시는 어디일까?

베를린이나 뮌헨 같은 대도시를 떠올릴 수 있겠지만,

오랜 역사 속 진짜 독일은 다른 곳에 있다.

'북방의 로마'로 불리는 고슬라르!

화려했던 과거의 추억을 고스란히 간직한 이 도시가

우리가 만나고 싶은 진짜 독일 마을이다.

'북방의 로마'라
불린 마을

고슬라르는 아담하다. 광장과 골목 풍경만 구경한다면 걸어서 두세 시간이면 충분하다. 그런데 이 작은 도시의 별명이 무려 '북방의 로마'였다. 서기 1000년 전후 신성로마제국 내에 '로마'에서 파생한 별명을 가진 도시가 몇 군데 있지만, 이는 아무 곳에나 허락된 별명이 아니다. 그만큼 고슬라르는 특별한 도시였다.

고슬라르는 도시 규모가 작지만 역사적으로 늘 부강했고 풍요로웠다. 그래서 신성로마제국 황제가 직접 관리하고 다스린 제국 도시였다. 신성로마제국 역대 황제 중에서도 가장 강력한 인물로 꼽히는 '경건왕' 하인리히 3세Heinrich III가 고슬라르를 특히 사랑해 이곳에 궁전을 지어 머물렀다. 하인리히 3세는 로마 교황을 파면하고 직접 임명할 정도로 강력한 권력을 떨쳤던 황제였다. 그래서 하인리히 3세의 도시 고슬라르는 '북방의 로마'라는 별명을 얻었다.

황금 독수리 분수가 있는 고슬라르 마르크트 광장

하지만 그 후로도 도시는 비대해지지 않았다. 오랫동안 자그마한 시가지에서 풍요를 누렸으며, 그 고급스러운 시가지가 오늘날까지 남아 과거의 영광을 증언하고 있다. 마치 이것이 독일의 과거라며 시간을 멈추어 애써 보존한 듯하다. 덕분에 고슬라르 구시가지 전체가 유네스코 세계문화유산으로 등록되었다.

고슬라르는 하르츠산맥에 있다. 자그마치 천년 이상 가동되어 기네스북에 오른 라멜스베르크 광산Rammelsberg이 고슬라르에서 가까워 광업과 상업으로 막대한 부를 얻을 수 있었다. 이 도시에 지어진 하인리히 3세의 궁전은 이후에도 신성로마제국 황제의 별장처럼 사용되었다. 또 종교 국가인 신성로마제국의 중심 도시임을 역설하듯 육중한 교회들이 시가지 곳곳에 앞다투어 세워졌다.

고슬라르 구시가지로, 역사 저편의 시간 속으로 들어갔다. 기차역에서 길 하나만 건너면 구시가지가 시작된다. 중심가로 들어설수록 길이 넓어지는 게 아니라 그 반대다. 점점 좁아지는 골목, 그러나 양편에 빼곡하게 들어선 중세의 건물들이 점차 시선을 바쁘게 한다. 수백 년은 족히 되었을 잘 빠진 목조 건물에는 여전히 사람이 살고 있었다. 왕래가 많은 1층은 주로 상점이나 레스토랑이고, 어떤 건물들은 호텔로 사용되고 있다.

고슬라르의 교회는 외양이 조금 특이하다. 탑을 만든 게 아니라 성벽을 만든 것 같다. 구시가지에 있는 노이베르크 교회Neuwerkkirche, 성 야콥 교회St. Jacobikirche, 마르크트 교회Marktkirche 모두 마찬가지이다. 정면에서

1 황제의 별장 카이저팔츠
2 마르크트 광장 분수대 황금 독수리상
3 축제에서 나무를 다루는 작업을 시연하는 목수
4 축제 분위기가 가득한 마르크트 광장
5 카이저팔츠에서 열린 벼룩시장

보면 거대한 벽을 마주하는 기분이다. 이런 양식의 교회는 독일의 다른 도시에서 쉽게 찾아보기는 어려운데, 화려하지 않지만 단단한 멋이 있는 구시가지와 잘 어울러진다.

황제의 별장인 카이저팔츠Kaiserpfalz는 도시의 상징과도 같은 궁전이다. 하인리히 3세가 만든 궁전. 그러나 강한 권력을 가진 당찬 황제도 화려하고 호사스러운 생활과는 거리가 멀었던 모양이다. 강한 황제가 부강한 도시에 궁전을 지은 것치고는 상당히 소박하다. 궁전 내부는 박물관으로 꾸며져 있다. 고슬라르 광산에서 채굴하던 광석을 전시하고, 하인리히 3세의 무덤도 있다.

고슬라르를 방문했을 때 마침 축제가 열렸다. 축제는 이름도 미사여구 없이 담백하게 '구시가지 축제Altstadtfest'다. 마르크트 광장과 주변에는 온갖 노점이 들어서 먹거리와 축제 용품 등을 판매했다. 광장을 에워싼 카이저보르트Kaiserworth나 카이저링 하우스Kaiserringhaus 등 고급스러운 건물들과 방사형 무늬의 광장 바닥, 그리고 중앙에 있는 황금빛 독수리 등이 어울려 황홀한 풍경을 연출했다.

고슬라르의 좁은 거리는 축제를 즐기는 사람들로 가득했다. 옛 목수의 복장을 하고 나와 직접 나무를 썰어 목조 가옥 미니어처를 만드는 사람도 보였다. 저런 방식으로 지어진 건물 하나하나가 모여 지금의 고슬라르를 완성했으리라. 가내수공업으로 직접 만든 액세서리와 기념품을 가지고 나와 좌판을 벌인 시민들도 많았다. 독일 각지와 세계에서 온 여행자들은 유쾌하게 이들의 축제에 동참했다.

황제의 별장 카이저팔츠도 축제가 점령했다. 서울에 비유하면 경복궁 같은 기념비적인 유적이지만, 사람들은 그 앞마당에서 벼룩시장을 열고 있다. 아무리 유서 깊은 장소라고 해도 결국 사람들이 살아가는 공간의 일부인 것이다. 자신이 쓰던 물건을 가지고 나와 좌판을 벌이고 물건을 파는 사람들. 하지만 가족과 함께 이런 행사에 동참하는 것이 더 즐겁다는 듯 물건을 파는 것에는 심드렁하다.

이것이 고슬라르의 진면목이다. 운 좋게 전쟁의 포화도 비켜 간 덕분에 수백 년의 세월 동안 보존된 작은 시가지의 전통은 과거의 한순간을 박제한 것이 아니라 여전히 현재진행형이다. 독일이라는 나라가 이런 식이다. 옛 모습을 굳이 버리지 않고 그 공간 위에서 대대손손 삶을 영위한다. 남들에게 보여주기 위한 공간이 아니라 스스로 즐기고 생활하기 위한 공간으로서 잘 보존된 구시가지는 독일의 어느 도시를 가든 그 도시의 심장과도 같은 곳이다. 심지어 전쟁으로 인해 망가졌어도 다시 원래의 모습으로 되살려 전통을 유지하는 사람들이다. 이것이 독일이고, 우리가 독일에서 보아야 하는 모습이며, 독일이라는 나라를 대표하는 이미지라고 감히 단언한다.

힐데스하임
Hildesheim

두 차례의 세계대전으로 폐허가 된 독일.

슬픔을 딛고 다시 일어난 도시는 많지만,

힐데스하임의 재건 스토리는 아주 특별하다.

시민들은 잿더미 속에 꽃핀 장미의 위로를 받으며

천년 전 영화로운 도시의 모습으로 재건했다.

'장미 루트' 따라가며 만나는 도시의 풍경은

이처럼 특별한 스토리가 더해져 감동을 준다.

폐허 속에 꽃피운
장미의 힘

힐데스하임 대성당에 있는 천년 된 장미나무.
전쟁 폐허 속에서 꽃을 피워 시민들에게 희망을 선사했다

1945년 참혹한 전쟁이 끝났고, 독일은 패전국이 되었다. 전쟁으로 가족을 잃고 집과 일터가 파괴된 이들에게 남은 건 무기력한 좌절감과 상실감뿐이었을 것이다. 그럼에도 불구하고 기어이 폐허 위에 새로운 희망을 그리며 다시 일어선 감동은, 독일과 우리나라가 공유하는 경험담이기도 하다.

독일 니더작센에 있는 아름다운 소도시 힐데스하임도 폐허 위에 다시 예전의 모습을 되살린 도시다. 힐데스하임은 천 년 전 성 베른바르트St. Bernward 대주교가 직접 주요 건물과 성벽 등을 설계하고 도시계획을 세워 탄생했다. 힐데스하임에는 오늘날에도 옛 도시의 성벽이 일부 남아 있는데, 이 성벽 너머가 대성당Hildesheimer Dom이다. 외부의 침략으로부터 방어하는 장소가 궁전이나 시청이 아니라 대성당이라는 것은 그만큼 이 도시에서 대성당이 차지하는 비중이 절대적이라는 뜻이기도 하다. 오늘날까지 남아 있는 성벽은 베른바르트 성벽Bernwardsmauer이라 부르고 있다.

특히 베른바르트 대주교의 역작 성 미하엘 교회St. Michaeliskirche는 초기 로마네스크 양식을 잘 보여주는 위대한 문화유산이다. 높이가 비슷한 네 개의 작은 탑과 두 개의 큰 탑이 균형을 맞추고, 천장이 높은 내부는 제단이 이중으로 되어 있다. 독일 어디를 가도 이와 유사한 교회는 찾아보기 힘들다. 이렇게 독특한 균형미를 건축가가 아니라 주교가 설계하고 완성했다는 사실이 놀랍고 신기하다.

베른바르트 대주교가 만든 또 하나의 작품인 대성당에는 천 년 된 장미나무가 있다. 지금도 꽃을 피우는 이 장미는 단지 오래 살아서 특별한

게 아니다. 도시를 되살린 원동력이었기에 특별하다. 사연은 이러하다. 제2차 세계대전 후 대성당을 비롯해 도시 전체가 폭격으로 폐허가 되었다. 시민들은 집과 일터를 잃고 가족과 사별해 절망에 빠졌다. 아무도, 무엇도, 할 수 없었다. 그때 폐허 틈에 핀 장미꽃이 보였다. 한낱 장미꽃도 폐허 속에서 생명력을 발휘하는데 사람이 주저앉을 수는 없는 노릇. 시민들은 장미를 보며 희망을 되살렸고, 용기를 얻어 폐허를 치우고 도시를 복구했다. 별것 아닌 것 같은 장미나무가 도시 전체를 되살린 것이다.

힐데스하임에는 구시가지의 주요 명소를 연결하는 '장미 루트Rosenroute'가 있다. 길바닥에 뜬금없을 정도로 크게 그려진 또는 새겨진 장미를 따라가면 도시의 중요한 볼거리를 모두 지난다. 장미 루트는 관광안내소부터 시작한다. 마침 관광안내소가 있는 곳이 힐데스하임 구시가지의 매력이 극대화된 마르크트 광장이다.

마르크트 광장은 여러 시대의 건축양식을 반영한 다채로운 중세 건물이 광장을 둘러싸고 있다. 광장의 모서리에 서서 맞은편을 바라볼 때마다 다른 시대가 보인다. 한 광장에서 시대 변천사에 따른 다양한 색을 가진 모습을 볼 수 있게 만든 것이 놀랍다.

마르크트 광장에도 흥미로운 '재건'의 스토리가 있다. 광장에서 가장 눈에 띄는 건물은 시청사 맞은편에 있는 큼직한 하프팀버 양식의 길드홀이다. 제2차 세계대전 후 장미의 생명력에 힘입어 도시를 재건했을 때는 길드홀이 없었다. 도시를 재건할 때 시청사를 제외한 나머지 건물은 현대식으로 지었고, 광장은 주차장으로 사용했다. 길드홀 위치에는 무미건조한 7층짜리 호텔이 있었다.

　재건 당시는 당장 효율적인 복원의 길을 택하였지만, 힐데스하임의 시민들은 아름다운 광장이 사라진 것이 마음에 걸렸던 모양이다. 재건 40여 년이 지나고 호텔이 경영난으로 문을 닫자 원래의 광장을 되살리자는 민심이 들끓었다. 결국 힐데스하임은 호텔을 부수고 길드홀을 원래 모습으로 다시 지었다. 그뿐만 아니다. 광장에 있는 다른 건물도 되살렸다. 다시 짓기 어려운 곳은 광장에 면한 파사드만큼이라도 전쟁 전의 모습으로 되돌렸다.

1 천년 된 장미나무가 있는 힐데스하임 대성당
2 초기 로마네스 양식을 잘 보여주는 역작 성 미하엘 교회

천장 벽화가 유명한 성 미하엘 교회 내부

　지금 우리가 감탄하며 바라보는 힐데스하임의 아름다움은 천년 전 베른바르트 대주교가 설계한 도시의 모습이다. 그러나 이 도시는 불과 반세기 전까지만 해도 전쟁의 포화 속에 폐허로 변했었다. 그 잿더미를 걷어내고 도시를 다시 살린 것은 실의에 빠진 사람들을 일으켜 세운 장미의 공로다. 어쩌면 힐데스하임 시민들이 수십 년을 기다려 광장을 과거의 모습으로 되돌릴 수 있었던 것도 장미로부터 받은 위안이 있었기에 가능했는지도 모른다. 독일에 예쁜 소도시는 많다. 하지만 힐데스하임은 감동적인 사연까지 더해 특별한 즐거움을 준다.

원래 모습을 되찾은 마르크트 광장

호텔을 부수고 다시 지은 마르크트 광장의 길드홀

괴팅엔은 '키스의 자유'가 있는 도시다.

학생들은 거위 소녀 리젤과 키스하며

젊음의 에너지를 분출하고 추억을 만든다.

한때 괴테도 거닐던 대학의 교정과

그림 형제의 동화 속 배경이 된 도시에는

젊음의 낭만과 열정이 유쾌한 기운을 선사한다.

동화와 젊음의 시너지
분출하는 대학 도시

그림 형제가 독일에 남긴 족적은 실로 어마어마하다. 그들은 단순히 동화집을 펴낸 작가가 아니다. 그림 형제는 독일에 전래하는 민담을 토대로 지역의 방언을 연구하고 언어를 체계적으로 정리한 언어학자였다. 현대 독일어의 문법을 정리한 사람이 마르틴 루터라면, 현대 독일어의 체계를 확립한 이들은 그림 형제다.

그래서 그림 형제와 연고가 있는 독일의 도시는 크고 작은 기념물을 세워 오늘날까지 그들을 기리고 있다. 동화 〈브레멘 음악대〉의 배경이 된 도시 브레멘이 대표적인 케이스다. 그리고 그림 형제가 대학교 교수로 재직하며 머물렀던 도시 괴팅엔도 그중 하나다.

괴팅엔 구시가지의 중심 마르크트 광장 중앙에는 분수가 있다. 이 분수에 딸린 동상은 그림 형제의 동화집에 수록된 〈거위 소녀Die Gänsemagd〉

꽃다발을 안고 있는 거위 소녀 리젤이 있는 마르크트 광장 분수대

의 주인공을 묘사한 것으로, 그림 형제를 기념하기 위해 그들의 작품 중 하나를 골라 분수로 만든 것이다. 그뿐만 아니다. 원작에 따로 이름이 나오지 않는 주인공에게 엘리자베트라는 이름을 붙여 분수의 이름을 거위 소녀 리젤Gänseliesel(리젤은 엘리자베트의 애칭이다)이라고 했다.

거위 소녀 리젤은 1901년 설치되자마자 시민들의 열렬한 사랑을 받았다. 특히 대학 도시 괴팅엔의 시민 중 다수를 이루는 대학생에게 인기가 높았다. 누가 시키지도 않았지만 언젠가부터 괴팅엔 대학교에서 박사학위를 받은 졸업생들이 리젤에게 키스하는 풍습이 생겼다. 그 후 리젤은 '세상에서 키스를 가장 많이 받은 소녀'라는 별명도 얻게 되었다.

분수 위에 설치된 리젤에게 키스하려면 필연적으로 분수에 기어 올라가야 했다. 그런데 졸업생들이 분수를 기어오르면서 크고 작은 사건이 많았다. 이미 졸업을 자축하며 마신 술에 거나하게 취한 학생들이 높은 분수에 올라가다가 실족하는 사고가 빈번했고, 이들의 고성방가가 꽤 지나쳤던 모양이다. 그래서 괴팅엔에서는 1926년 리젤에게 키스하는 것을 법으로 금지하기에 이른다.

하지만 젊은 혈기를 어찌 법으로 억누를 수 있으랴. 학생들은 아랑곳없이 풍습을 이어갔는데, 이 죄로 기소된 한 졸업생이 독일 고등법원에서 무죄 판결을 받았다. 법적으로 '키스의 자유'를 확인한 학생들은 오늘날까지 90여 년간 리젤에게 키스하는 전통을 이어가고 있다. 학생들은 한술 더 떠서 리젤에게 꽃다발까지 안겨주고 있다. 그 모습이 신기하고 재밌어 관광객도 리젤에게 꽃을 선물하기 시작했다. 그래서 리젤은 항상 꽃다발을 한 아름 안고 있다. 소박하고 아기자기한 동화 속 풍경이 현실에서 젊음의 자유와 혈기를 만나 도시의 풍습을 만들고 법을 바꾸는 흔치 않은 사례가 탄생한 것이다.

괴팅엔은 대학 도시다. 도시 곳곳에 학구적인 느낌이 물씬 풍긴다. 거리에 설치된 조형물은 한눈에 보아도 과학이나 천문학 같은 학문을 표현하고 있음을 알 수 있다. 물론 얕은 지식과 부족한 독일어 실력으로 그 용도를 온전히 파악하기는 어려웠지만, 대학 도시로서의 학구적인 분위기를 느끼기에는 부족함이 없었다.

괴팅엔에서는 노벨상 수상에 빛나는 예술가 귄터 그라스Günter Grass의 작품도 만날 수 있다. 귄터 그라스는 괴팅엔 대학교에서 벌어진 '괴팅엔 7 교수 사건(왕의 폭정에 항의하던 교수 7명이 추방당한 사건)'의 기념비를 만드는 등 괴팅엔 대학교와 밀접한 관계를 맺어온 것으로 유명하다. 귄터 그라스 작품 옆에는 괴팅엔 대학교 교수를 역임한 물리학자 리히텐베르크 Georg Christoph Lichtenberg의 동상도 있다. 사실 그가 누구인지는 잘 모른다. 그러나 무언가 '할 말이 많아 보이는' 모습이 재미있어 한참을 구경했다.

괴팅엔은 대학 도시다 보니 유명인이 연구차 들러 잠시 체류하는 경우도 많았다. 유명인이 머물렀던 건물은 그의 이름과 체류 기간을 따로 현판으로 만들어 부착했다. 그중에는 괴테와 같은 익숙한 이름도 있다.

1 물리학자 리히텐베르크의 동상 2 귄터 그라스가 만든 조각

구시가지의 중심 성 요하니스 교회. 교회를 중심
으로 옛 목조 건물이 잘 보존되어 있다

거위 소녀 리젤이 있는 마르크트 광장 주변은 구시가지의 중심. 육중한 성 요하니스 교회St. Johanniskirche를 보고 있으면 독일은 어디를 가든 구시가지의 중심은 교회라는 것을 느끼게 된다. 그리고 성 요하니스 교회 주변 낡은 옛 목조 건물이 그대로 보존된 채 상업건물로 활용되고 있는 요하니스 거리Johannisstraße 역시 참으로 독일답다고 느끼게 한다.

요하니스 거리만큼이나 옛 건물들이 잘 보존된 바르퓌서 거리Barfüßerstraße도 구시가지의 고풍스러운 정취가 물씬 풍기는 대표적인 장소다. 특히 이 거리에 있는 융케른셍케Junkernschänke 건물은 1446년 완공된, 괴팅엔에 현존하는 가장 오래된 건물이다. 멀리서 봐도 눈에 잘 띄는 품격 있는 낡은 건물은 가까이서 보면 기둥 사이에 정교한 그림까지 그려 넣어 더욱 눈길을 끈다. 그뿐 아니다. 고풍스러운 외벽에 큼지막하게 새겨둔 레스토랑 로고도 재미있다. 이렇게 유서 깊은 건물도 단순한 유물이 아니라 여전히 현지인들의 생활공간으로 쓰인다는 것이 놀랍다.

괴팅엔은 동화의 흔적이 남은 아기자기한 도시이자 오랜 세월 동안 전통을 지킨 유서 깊은 대학교가 있는 도시다. 동화와 젊은 혈기의 시너지는 괴팅엔을 소박하지만 유쾌하고 학구적인 도시로 든든하게 장식하고 있다.

함부르크
Hamburg

북부 독일 특유의 멋이 극대화된

독일 제2의 도시 함부르크.

중세부터 번영을 누렸던 이 도시에는

하늘을 찌르는 첨탑이 도열해 있다.

항구를 오가던 뱃사람들의 이정표였던 첨탑은

지금도 함부르크 여행자들의 길잡이다.

지금도 이정표가 되어주는
그 옛날의 첨탑

함부르크는 브레멘과 함께 독일에 둘뿐인 자유도시다. 수도 베를린에 이어 두 번째로 큰 도시이기도 하다. 일찍이 무역항이 발달하여 수많은 상인과 뱃사람들이 모여들었으며, 막대한 부를 통해 일군 번영은 전쟁을 거친 뒤에도 여전히 유지되고 있다. 오늘날에도 상공업과 무역의 성행으로 사람과 자본이 몰리는 대도시지만, 독일의 도시 대부분이 그러하듯 중세부터 이어져 온 구시가지가 남아 있다.

함부르크에는 독특한 도시 경관 보존 정책이 있다. 구시가지 중심에는 시청사와 '5대 교회'라 불리는 교회의 높은 첨탑이 하늘을 찌르고 있는데, 이 여섯 개의 첨탑이 만드는 스카이라인을 유지하기 위해 오늘날에도 더 높은 건물을 구시가지에 짓지 못하도록 하고 있다. 그 옛날 도시의 이정표가 되는 첨탑을 높이 세워 스카이라인을 만든 것도 대단하지만, 오늘날에도 그 모습을 훼손하지 않기 위한 정책을 펴고 있는 것도 대단하다.

함부르크 시민들의 쉼터가 된 알스터 호수. 함부르크는 일찍이 무역항으로 번영을 누렸던 독일에서 두 번째로 큰 도시다

　함부르크 구시가지의 중심 시청사는 멀리서 봐도 눈에 확 띌 만큼 화려하다. 중앙의 첨탑은 하늘 높이 솟아 있고, 좌우로 긴 건물은 르네상스 양식의 화려한 품위를 빌려 마치 궁전과도 같은 위용을 뽐낸다. 1층 로비는 모두에게 개방되어 있다. 이곳에서 종종 전시회가 열린다. 안뜰도 개방되어 화려한 건물의 뒤편과 정교한 분수를 구경할 수 있게 해두었다.

　시청사 앞 광장은 수시로 지역 행사가 열린다. 겨울에는 크리스마스 마켓도 성대히 열린다. 광장에서 구시가지의 드넓은 알스터 호수Alstersee가 바로 연결되어 마치 궁전 앞의 정원을 거니는 것 같은 풍경까지 선사한다.

첨탑만 남은 성 니콜라이 기념관

한편, 함부르크의 스카이라인을 이루는 첨탑의 위용만 놓고 보자면 시청사보다 '5대 교회'가 더 위다. 높이로 1등은 성 니콜라이 교회인데, 첨탑의 높이가 147m에 이른다. 성 니콜라이 교회는 지금 성 니콜라이 기념관 Mahnmal St. Nikolai이라 부른다. 더 이상 교회가 아니기 때문이다. 이 교회에 무슨 일이 있었던 걸까?

성 니콜라이 기념관은 첨탑 말고는 아무것도 없다. 원래 교회 본당이 있었어야 할 자리는 텅 비어 있다. 기념관 가장자리에 조각 작품이나 유리 피라미드가 보이기는 하지만, 그것만 가지고 딱히 교회라고 볼 수 없다.

성 니콜라이 기념관에서 내려다본 시청사와 알스터 호수

성 니콜라이 기념관은 그냥 첨탑만 남은 공원처럼 보였다.

성 니콜라이 기념관이 교회가 아닌 기념관이 된 것은 전쟁 때문이다. 제2차 세계대전 중 함부르크에 쏟아진 무수한 폭탄은 시가지를 쑥대밭으로 만들었다. 전쟁이 끝난 후 시청사 등 대부분 건물은 다시 복구했지만, 성 니콜라이 교회는 복구하지 않았다. 독일이 일으킨 전쟁의 참혹함을 후대에 알리기 위해 이 교회를 일부러 복구하지 않은 것이다. 뼈대만 남은 건물은 일부만 남기고 모두 철거했고, 첨탑만 보수해 전망대로 사용한다. 물론 지하에 작은 전시장을 열어 기념관 역할은 충실히 이행하게 했다.

항구도시 함부르크에서 가장 의미 있는 스카이라인은 성 미하엘 교회 Hauptkirche St. Michaelis가 만든다. 성 미하엘 교회는 항구에서 멀지 않은 언덕 위에 있다. 이곳에 132m의 높은 첨탑을 세웠으니 분명히 멀리서 들어오는 배에서도 첨탑이 한눈에 보였을 것이다. 어쩌면 뱃사람들에게 성 미하엘 교회의 첨탑은 집에 무사히 돌아왔음을 실감하게 하는 징표가 되었을지도 모른다. 생각이 거기까지 미치자 성 미하엘 교회의 다소 멋없는 외관도 푸근하게 느껴진다.

독일의 교회는 남부의 경우 매끈하고 화려한 멋을 자랑하는 바로크 양식으로 지어졌지만, 북부는 조금 심심할 만큼 단순화되어 경건한 멋을 뽐낸다. 성 미하엘 교회는 서유럽을 통틀어 가장 손꼽히는 개신교 교회로 인정받고 있다.

'5대 교회' 중 나머지 세 곳은 규모가 큰 편은 아니다. 시청사 부근의 성 페트리 교회Hauptkirche St. Petri와 성 야콥 교회Hauptkirche St. Jacobi, 항구 부근의 성 카타리나 교회Hauptkirche St. Katharinen가 그 주인공인데, 내부에 들어가 보면 소박한 장식만 눈에 띌 뿐, 평범한 모습을 하고 있다. 하지만 이런 교회들조차도 첨탑은 100m를 상회해 주변에서도 한눈에 들어온다.

함부르크는 독일에서 두 번째로 큰 도시인 만큼 시가지는 길이 꽤 복잡한 편이다. 방향감각이 신통찮은 여행자는 지도를 손에 들고서도 종종 길을 잃곤 한다. 하지만 함부르크에서는 길을 잃을 염려가 없다. 어디서나 하늘을 찌르는 '5대 교회'의 첨탑을 볼 수 있어 이정표 역할을 해준다. 이것은 비단 여행자에게만 국한된 것이 아니다. 시청사와 5대 교회가 존재했던 수백 년 동안 첨탑은 함부르크 시민들에게도 이정표가 되었을 것이다.

세상이 급하게 발전하는 만큼 생활은 훨씬 윤택해졌지만, 수백 년 전부터 존재한 함부르크의 스카이라인은 여전히 도시의 가장 높은 곳을 차지하고 있다. 그것은 어쩌면 오랫동안 시민들의 이정표가 되어준 교회 첨탑에 대한 후손들의 감사 표현일지도 모르겠다.

항구에서 바라본 성 미하엘 교회 첨탑.
과거 뱃길을 오가던 뱃사람들의 이정표
가 되었다